自動車の
限界コーナリング
と制御

野崎博路 著

Automotive Vehicle Critical Cornering Control

東京電機大学出版局

はじめに

　自動車の基本性能に関する良書は，多数存在する．一方，自動車の操縦性・安定性（特に，アクティブセーフティー）において，特に重要な課題となっているのは，車の限界コーナリングのダイナミクスと制御が考えられる．しかし，この領域を中心にして書かれた書籍は，ほとんど見当たらない．そこで，今日，安全の観点からも向上が望まれているこの分野に的を絞って，本書を執筆した．

　本書では，最初に限界コーナリング性能の基本的な考え方として，モーメント法による解析手法および解析例を紹介する．次に，限界コーナリング性能の向上手法として，内外輪制駆動力制御，キャンバ角制御，ステアバイワイヤの制御（新しい操舵方式制御）について，研究を行った内容を紹介した．さらに，車両のサスペンション＆ステアリング系の制御のみでは，今後の予防安全の観点からも不十分であると考えられるため，外界センサーを用いた制御についての研究例，そして，自動運転についての今後の展望等についても紹介する．

　今日，自動車は，人と自動車のインタラクションの面から，よりドライバーに適合した車両特性が望まれている．種々のドライバーに適合する自動車開発が望まれているのである．これらの研究は，ドライビングシミュレータの発展とともに，急速に進化している状況である．そこで本書では，この人～自動車系のインタラクションの面から，ドライバーにとって違和感のない制御を念頭に置き，研究を進めた内容について紹介している．

　また，近年，学生フォーミュラ大会が推進され，自動車の運動性能向上チューニングの関心も高まっている．これらについてのサスペンションのメカニカルコントロールの一例も紹介する．

　本書が，至らぬ点は今後の課題とし，車の限界コーナリングのダイナミクスと制御に興味のある方に，少しでもお役に立てば幸いである．

　最後に，第1章のモーメント法解析，および，第3章のキャンバ角制御の実験

等で協力をいただいた，当時筆者の研究室に所属の大学院生であった吉野貴彦君に感謝する。また，出版に当たりお世話いただいた，東京電機大学出版局の石沢岳彦氏ほか，ご協力いただいた関係者の方々に深く御礼申し上げる。

2015 年 5 月

著　者

目 次

第1章 限界コーナリングのダイナミクス 1
1.1 車に作用する横力とモーメントについて 1
1.1.1 コーナリングフォース特性 1
1.1.2 セルフアライニングトルクについて 4
1.2 モーメント法と Magic Formula 5
1.3 モーメント法を用いた非線形領域の車両運動解析 11
1.3.1 モーメント線図作成手順 11
1.3.2 モーメント線図の代表例 14
1.4 モーメント法を用いた限界領域でのキャンバ角制御の効果の解析 ... 19
1.4.1 計算条件 19
1.4.2 限界領域でのキャンバ角制御の効果・計算結果 20
1.5 加速・減速時でのキャンバ角制御の効果 24
1.5.1 荷重移動解析 24
1.5.2 加速減速時での効果の計算結果 24

第2章 内外輪制駆動力制御について 29
2.1 SH-AWD について 29
2.2 横滑り制御装置について 30
2.3 新しい内外輪制駆動力制御の研究例について 32
2.3.1 MATLAB-Simulink による車両モデルを用いた左右独立制駆動力制御の概要 .. 32
2.3.2 規範タイヤ制御 33
2.3.3 加速度制御（前後方向および横方向の加速度に応じた制御） 41
2.3.4 ドライビングシミュレータを用いた基本運動制御評価結果 43

第3章 キャンバ角制御について 63
- 3.1 キャンバ角制御が最大コーナリングフォース特性に及ぼす影響 ... 63
- 3.2 4輪アクティブキャンバコントロール 65
- 3.3 キャンバ角制御によるコーナリング限界の向上 68
  - 3.3.1 遠隔操作式の模型車両による実験 68
  - 3.3.2 小型電気自動車を用いた実験 70
- 3.4 キャンバ角制御の横滑り制御への適用の研究例 73
  - 3.4.1 後輪キャンバ角制御を用いたダブルレーンチェンジ走行 73
- 3.5 大キャンバ角制御車両の製作および実験例について 78

第4章 ステアバイワイヤについて 83
- 4.1 ステアバイワイヤについて 83
- 4.2 微分操舵アシストの適用の研究例について 84
  - 4.2.1 微分操舵アシストがドリフト走行性能に及ぼす効果についての解析 85
  - 4.2.2 車両運動の記述 85
  - 4.2.3 ドリフト走行シミュレーション結果 90
  - 4.2.4 ドリフトを伴うシビアレーンチェンジ時の場合のシミュレーションの追検討 ... 94
  - 4.2.5 まとめ 97
- 4.3 走行シチュエーションに応じた操舵方式制御実験 97
- 4.4 ステアバイワイヤ機構の実車搭載による検討 103
  - 4.4.1 ダブルクラッチ式ステアバイワイヤシステム 104
  - 4.4.2 スラローム試験によるフィーリング評価 106

第5章 外界センサーを用いたアシスト制御について 107
- 5.1 予防安全～事故回避の性能の向上 107
- 5.2 アイサイト（Eye Sight）の例 110
- 5.3 外界センサーを用いた研究例の紹介 111

5.3.1　研究の概要 111
　　5.3.2　操舵角比例 4 輪アクティブキャンバ角 111
　　5.3.3　実験方法 112
　　5.3.4　実験結果とまとめ 113

第 6 章　自動運転の方向と運転する歓びとの両立について ... 115
6.1　自動運転と運転をする歓びの両立について 115
6.2　自動運転の開発状況 117
6.3　自動運転の今後 118

第 7 章　フォーミュラカーの限界コントロール性向上手法について .. 121
7.1　パッシブなキャンバ角コントロールとは 121
7.2　タイヤにかかる横力と揺動サスペンションメンバーの関係 122
7.3　揺動サスペンションメンバーのジオメトリー変化 122
7.4　シミュレーションモデルの概要 127
　　7.4.1　車両モデルの概要 127
　　7.4.2　ドライバーモデル 127
　　7.4.3　シミュレーションに用いたコース 131
7.5　最速走行シミュレーション結果 131
7.6　設計検討 132
　　7.6.1　設計条件 132
　　7.6.2　実設計 132
　　7.6.3　ブッシュの選定 133
7.7　まとめ 134

参考文献 135
索　引 137

第1章

限界コーナリングのダイナミクス

本章においては，限界コーナリングのダイナミクスについて紹介する。

第2章以降は限界コーナリングの制御について記述するが，本章にて，そのベースとなるモーメントメソッド，タイヤ特性について紹介する。

1.1 車に作用する横力とモーメントについて

1.1.1 コーナリングフォース特性

図1.1のように，タイヤの進行方向とタイヤの為す角度 β を，タイヤのスリップ角と呼ぶ。

タイヤのコーナリングフォース特性は，スリップ角に対し，図1.2のように，

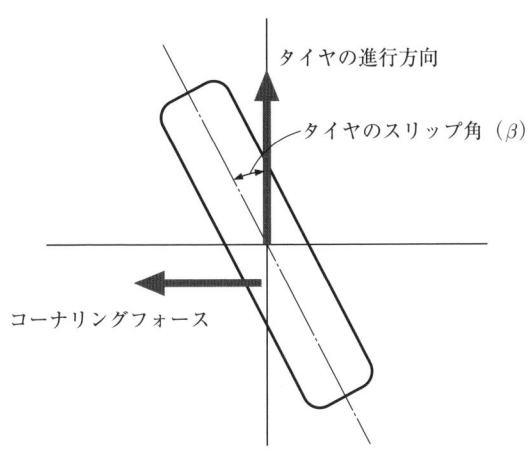

図1.1 タイヤのコーナリングフォース発生のメカニズム

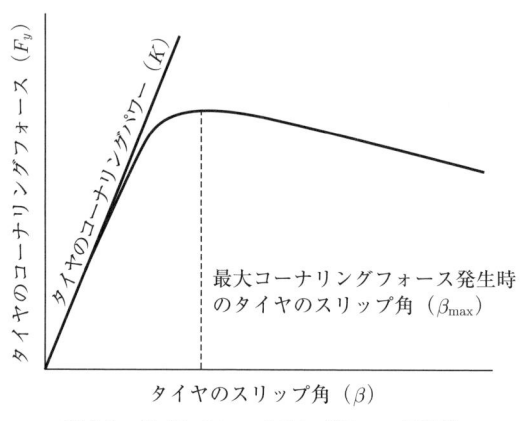

図1.2 タイヤのコーナリングフォース特性

あるスリップ角（約 4〔deg〕）までは線形領域であり，直線的に，コーナリングフォースが増加する．さらにスリップ角が大きくなると，非線形領域となり，増加割合は減少する．さらに大きいスリップ角域（約 10〜15〔deg〕）では限界領域となり，飽和または減少傾向となる．

通常の走行状態では，線形領域が使われることが多く，この小スリップ角時の立ち上がりの勾配を，コーナリングパワー K と呼ぶ．このとき，コーナリングフォースは，以下の式で表される．

$$F_y = K\beta \tag{1.1}$$

最大コーナリングフォース発生時のタイヤスリップ角 $\beta_{\max}$ を過ぎると，タイヤは，滑り領域に入る．

車両がスピンしたときなどは，後輪がこの滑り領域に入って，タイヤのスリップ角は，かなり大きくなってしまっている状態になる．

また，タイヤのコーナリングフォース特性は，高荷重ほど，同一スリップ角で，高いコーナリングフォースを発生する（図1.3 参照）．

これを，輪荷重〜タイヤのコーナリングフォース特性で見ると，図1.4 のようになる．

すなわち，高荷重になるほど，タイヤの発揮する力は頭打ちとなり，直線的変化（リニア）ではなくなるわけである．

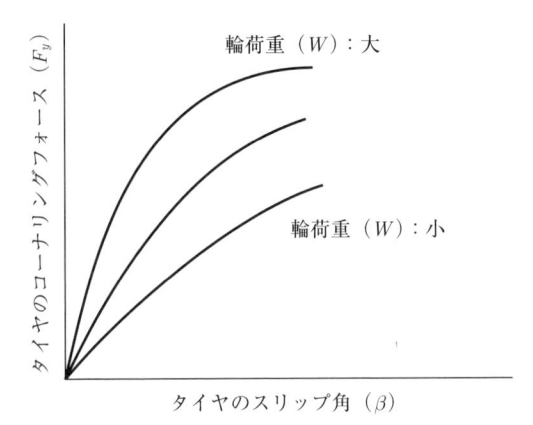

図 1.3 輪荷重によるタイヤのコーナリングフォース特性の違い

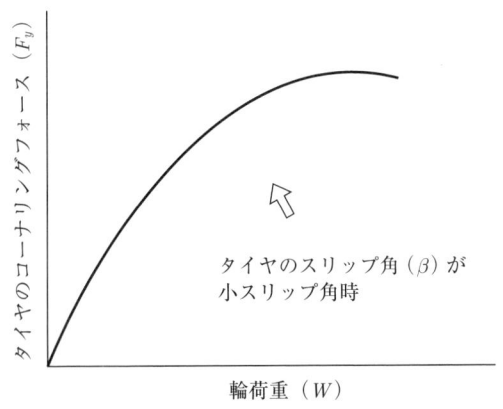

図 1.4 輪荷重〜タイヤのコーナリングフォース特性

　したがって，ロールして，荷重移動が生じると，外輪側は，このタイヤの発揮力の頭打ち部分に入ってしまい，内外輪の平均コーナリングフォースは，低下してしまうのである（図 1.5 参照）。

　したがって，車両の重量配分，前後輪のロール剛性配分等が大事になってくるわけである。

　このようなタイヤの非線形性をうまく利用して，前後輪のコーナリングフォース特性が，適度なアンダーステアを維持するような車両のチューニングが必要である。

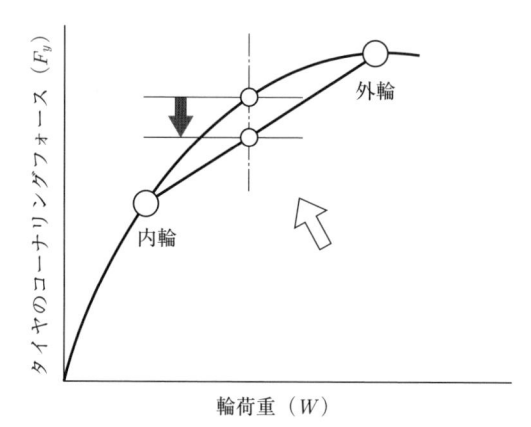

図1.5 内外輪の平均コーナリングフォースの落ち込み

1.1.2 セルフアライニングトルクについて

タイヤは，スリップ角を生じると，タイヤ接地中心からタイヤのニューマチックトレール t_0 だけ後方に，コーナリングフォースが作用する（図1.6参照）。

したがって，タイヤは，タイヤ中心P回りに，セルフアライニングトルク SAT を生じることになる。SAT は，

$$セルフアライニングトルク：SAT = F_y \times t_0 \tag{1.2}$$

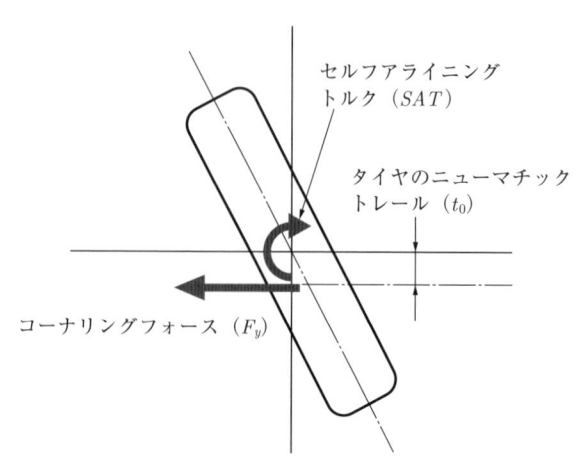

図1.6 タイヤのセルフアライニングトルク

キャスタトレール(t_{CAS})　タイヤのニューマチックトレール(t_0)

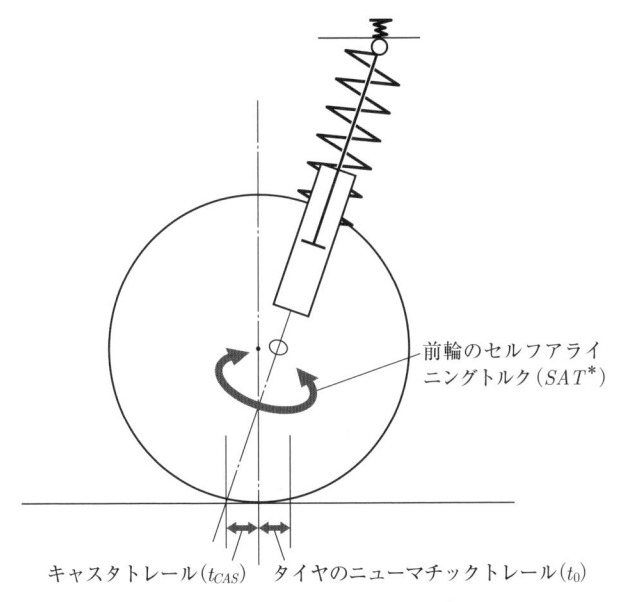

図 1.7　前輪のセルフアライニングトルク

で表される。

このセルフアライニングトルクがあるので，例えば，ハンドルから手を離したときに，ハンドルは元に戻ろうとする力を受けるのである。

ただし，この場合，すなわち前輪の場合は，キャスタ角があるので，ハンドル端に伝わるモーメントの量を決めるトレールは，図 1.7 のように，タイヤニューマチックトレール t_0 と，キャスタトレール t_{CAS} の和となり，

$$前輪のセルフアライニングトルク：SAT^* = F_y \times (t_0 + t_{CAS}) \quad (1.3)$$

で表される。

1.2　モーメント法と Magic Formula

モーメント法とは，1976 年に W. F. Milliken, Jr. 氏によって提唱された車両の運動性能解析方法[1]で，図 1.8 のように車両の重心点の横運動とヨー運動を拘束し，直進走行をさせたときを想定し，そのときの各タイヤの横力やスリップ角，

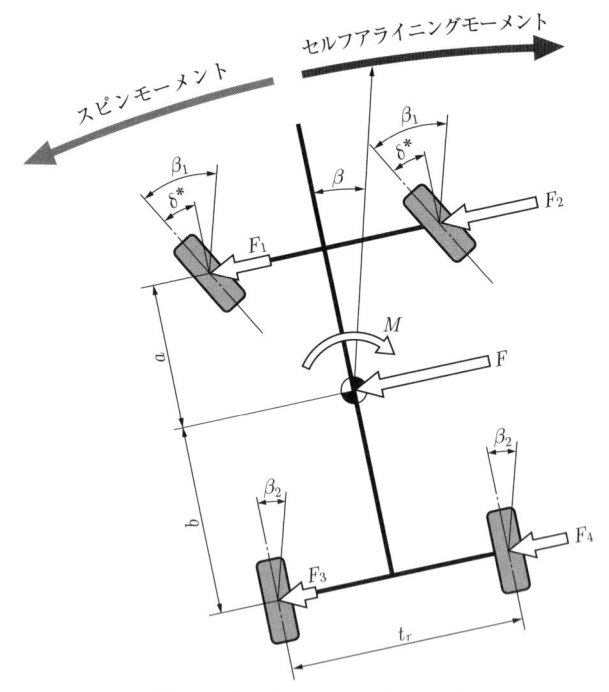

図 1.8 旋回車両モデルと解析条件

操舵角等により発生する車両の復元モーメント（あるいは回頭モーメント）を求めることで，自動車の旋回開始時等の過渡時におけるヨーモーメントを求める考え方である[2), 3), A-1)]。また，過渡状態〜定常状態（ヨーモーメント＝0時）への移行のようすも同時に把握できる。

その復元（＋）（あるいは回頭（−））モーメントの求め方は以下のようになる。

$$M = -a \cdot F_f + b \cdot F_r + (T_{SA,1} + T_{SA,2} + T_{SA,3} + T_{SA,4}) \tag{1.4}$$

$$F = F_f + F_r \tag{1.5}$$

$$\beta_1 = \delta^* + \beta \tag{1.6}$$

$$\beta_2 = \beta \tag{1.7}$$

M：復元（＋）（あるいは回頭（−））モーメント

a, b：前輪，後輪〜重心間距離

F_f：前輪サイドフォース（$F_f = F_1 + F_2$）

F_r：後輪サイドフォース（$F_r = F_3 + F_4$）

$T_{SA,1\text{-}4}$：各輪セルフアライニングトルク，δ^*：前輪実舵角

β：車体スリップ角，β_1：前輪スリップ角，β_2：後輪スリップ角

また，これらの式を用いてヨーモーメントを求めるために必要なタイヤの横力 F_y，各輪セルフアライニングトルク T_{SA} については，Magic Formula タイヤモデルを用いた。

Magic Formula タイヤモデルとは，オランダ・デルフト工科大の Pacejka を中心として考案された実験近似モデルであり，近年広く使用されているモデルである。このモデルは輪荷重 F_z，タイヤスリップ角 α，キャンバ角 γ の 3 入力に対して，横力 F_y を出力することができ，その横力計算方法は以下のようになる。Magic Formula 係数と呼ばれる B，C，D，E，μ，BCD，Sh，Sv とタイヤの状態量を表す輪荷重 F_z，タイヤスリップ角 α，キャンバ角 γ によってタイヤモデルの横力 F_y が決定される。計測データにより決定される値 $a_0 \sim a_{13}$ は Magic Formula パラメータと呼ばれ，タイヤ特性の違いを表現する。

$$F_y = D \cdot \sin(C \cdot \tan^{-1}(B \cdot (Sh + \alpha) - E \cdot (B \cdot (Sh + \alpha) \\ - \tan^{-1}(B \cdot (Sh + \alpha))))) + Sv \tag{1.8}$$

$$B = \frac{BCD}{C \cdot D} \tag{1.9}$$

$$C = a_0 \tag{1.10}$$

$$D = \mu \cdot F_z \tag{1.11}$$

$$\mu = a_1 \cdot F_z + a_2 \tag{1.12}$$

$$BCD = a_3 \cdot \sin\left(2 \cdot \tan^{-1}\left(\frac{F_z}{a_4}\right)\right) \cdot (1 - a_5 \cdot |\gamma|) \tag{1.13}$$

$$E = a_6 \cdot F_z + a_7 \tag{1.14}$$

$$Sh = a_8 \cdot \gamma + a_9 \cdot F_z + a_{10} \tag{1.15}$$

$$Sv = a_{11} \cdot F_z \cdot \gamma + a_{12} \cdot F_z + a_{13} \tag{1.16}$$

得られた Magic Formula 係数が，実際のタイヤ特性にどう対応するかを図 1.9 に示す。

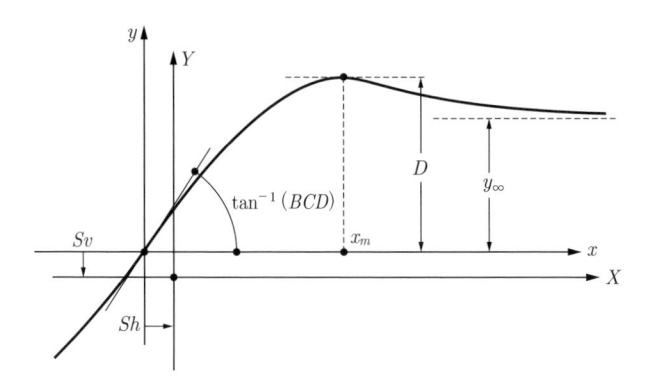

図1.9 典型的なタイヤ特性における式の係数の意味

また，おのおのの係数の意味合いについてまとめると以下のようになる。

- B：剛性係数 　　　　BCD が原点での勾配，すなわち剛性を表す。
- C：形状係数 　　　　曲線全体の形状を決める係数。横力の場合は $C ≒ 1.30$ を，SAT の場合は $C ≒ 2.40$ を用いる。
- D：ピーク係数 　　　曲線の最大値を表す。
- E：曲率係数 　　　　最大値に至る手前の曲線の曲率を表す。
- Sh：水平方向シフト　曲線が点対称の形状として考えるとき，その形状の原点における水平方向のシフト量を表す。
- Sv：垂直方向シフト　曲線が点対称の形状として考えるとき，その形状の原点における垂直方向のシフト量を表す。

次に，各タイヤのセルフアライニングトルクは以下のようになる。

$$T_{SA} = D \cdot \sin(C \cdot \tan^{-1}(B \cdot (Sh+\alpha) - E \cdot (B \cdot (Sh+\alpha) - \tan^{-1}(B \cdot (Sh+\alpha))))+Sv \tag{1.17}$$

$$B = \frac{BCD}{C \cdot D} \tag{1.18}$$

$$C = c_0 \tag{1.19}$$

$$D = c_1 \cdot F_z^2 + c_2 + F_z \tag{1.20}$$

$$BCD = (1 - c_6 \cdot |\gamma|) \cdot (c_3 \cdot F_z + c_4 \cdot F_z) \cdot \exp(-c_5 \cdot F_z) \tag{1.21}$$

$$E = (1 - c_{10} \cdot |\gamma|) \cdot (c_8 \cdot F_z + c_7 \cdot F_z^2 + c_9) \tag{1.22}$$

$$Sh = c_{11} \cdot \gamma + c_{12} \cdot F_z + c_{13} \tag{1.23}$$

$$Sv = \gamma \cdot (c_{14} \cdot F_z^2 + c_{15} \cdot F_z) + c_{16} \cdot F_z + c_{17} \tag{1.24}$$

また，各タイヤの横力と車両の横加速度 Y_G は以下のような関係になる。

$$Y_G = \frac{F_f + F_r}{w} \tag{1.25}$$

$$F_f = F_1 + F_2 \tag{1.26}$$

$$F_r = F_3 + F_4 \tag{1.27}$$

F_f：前輪サイドフォース，F_r：後輪サイドフォース

そして，横加速度 Y_G と前後加速度 X_G から求まる荷重移動を考慮したときの各タイヤの輪荷重 $F_{Z1} \sim F_{Z4}$ は，図 1.10 より以下のようになる。

$$F_{Z1} = \frac{w_f}{2} - k_f \cdot Y_G - k_h \cdot X_G \tag{1.28}$$

$$F_{Z2} = \frac{w_f}{2} + k_f \cdot Y_G - k_h \cdot X_G \tag{1.29}$$

$$F_{Z3} = \frac{w_r}{2} - k_r \cdot Y_G + k_h \cdot X_G \tag{1.30}$$

$$F_{Z4} = \frac{w_r}{2} + k_r \cdot Y_G + k_h \cdot X_G \tag{1.31}$$

$$k_f = \frac{G_f^* \cdot h_{gr} \cdot w + h_f \cdot w_f}{t_f} \tag{1.32}$$

$$k_r = \frac{G_r^* \cdot h_{gr} \cdot w + h_r \cdot w_r}{t_r} \tag{1.33}$$

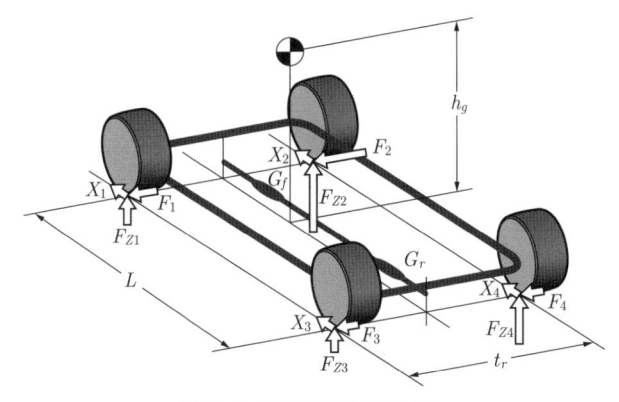

図 1.10 荷重移動解析モデル

$$k_h = \frac{1}{2} \cdot \frac{h_g}{L} \cdot w \tag{1.34}$$

G_f, G_r：前後輪ロール剛性，G_f^*, G_r^*：前後輪ロール剛性配分

$$\left(G_f^* = \frac{G_f}{G_f + G_r}, G_r^* = \frac{G_r}{G_f + G_r} \right)$$

h_{gr}：重心～ロール軸間距離，w：車重

h_f, h_r：前後輪のロールセンター高さ，t_f, t_r：前後輪のトレッド

L：ホイールベース，h_g：重心高さ

　なお，上記した式の $a_0 \sim a_{13}$, $c_0 \sim c_{17}$ の定数は，実車等から得たタイヤデータをもとに得られる定数で，本研究ではこの Magic Formula タイヤモデルの係数を設定することにより，第2章以降で用いているドライビングシミュレータ（DS）で使用したタイヤスリップ角が 8〔deg〕までは横力はタイヤスリップ角が増えるとともに増加していくが，それ以降はスリップ領域に入るため横力は増加しないタイヤを近似し，ドライビングシミュレータ内の走行試験で用いた車両に合わせている。その定数を表 1.1，表 1.2 に示す。車両モデルは，車両質量 $m = 1\,600$〔kg〕，ホイールベース 2.6〔m〕，車両前後の重量配分は 55：45 の一般的な車両諸元である。

表 1.1　横力モデル係数

$a_0 = 1.3$	$a_1 = -0.0274$	$a_2 = 1.05$
$a_3 = 1.18$	$a_4 = 7.69$	$a_5 = 0.009$
$a_6 = -0.257$	$a_7 = 0.224$	$a_8 = 0.025$
$a_9 = 0.01$	$a_{10} = 0.015$	$a_{11} = 0.00849$
$a_{12} = -0.0103$	$a_{13} = 0.0395$	

表 1.2　セルフアライニングトルク係数

$c_0 = 2.4$	$c_1 = -0.003464$	$c_2 = 0.0007844$
$c_3 = 0.005707$	$c_4 = 0.008013$	$c_5 = 0.1732$
$c_6 = 0$	$c_7 = 0$	$c_8 = 0$
$c_9 = -0.228$	$c_{10} = 0$	$c_{11} = 0.03739$
$c_{12} = 0$	$c_{13} = 0$	$c_{14} = 0$
$c_{15} = 0$	$c_{16} = 0$	$c_{17} = 0$

1.3 モーメント法を用いた非線形領域の車両運動解析

1.3.1 モーメント線図作成手順

モーメント線図の作成手順を，以下に示す（①，⑥は図 1.15 に対応している）。

〔1〕 車体スリップ角〜ヨーモーメント線図

①前後輪のサイドフォース特性を算出する（図 1.11 参照）。

⑥前後輪のサイドフォース特性より，車体スリップ角〜ヨーモーメント線図を作成する（図 1.12 参照）。

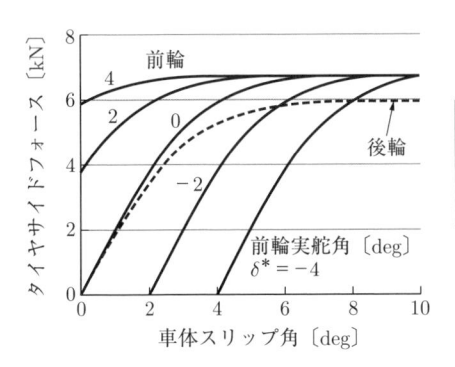

図 1.11 前後輪のサイドフォース特性

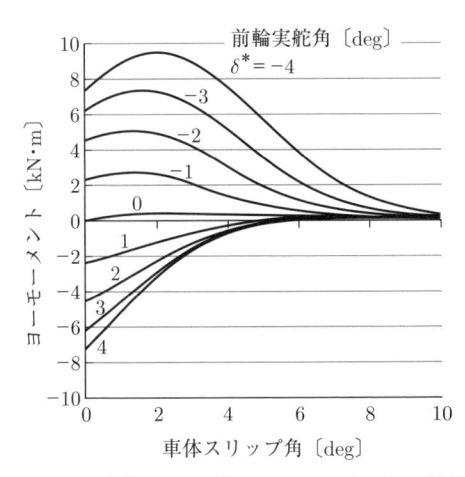

図 1.12 車体スリップ角〜ヨーモーメントの関係

〔2〕 横加速度～ヨーモーメント線図

①車両（4輪）サイドフォース特性を求める（図1.13参照）。
⑥車両（4輪）サイドフォース特性より，横加速度～ヨーモーメント線図を作成する（図1.14参照）。

〔3〕 モーメント法の計算フロー

〔1〕，〔2〕項に示したヨーモーメント線図を描画するための，モーメント法の計算フローを図1.15に示す。

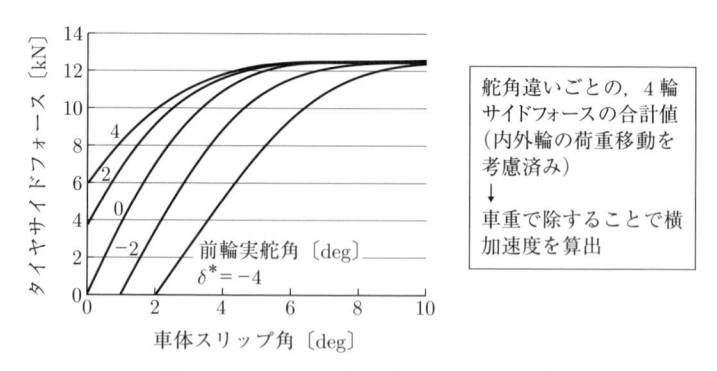

図 1.13　車両（4輪）のサイドフォース特性

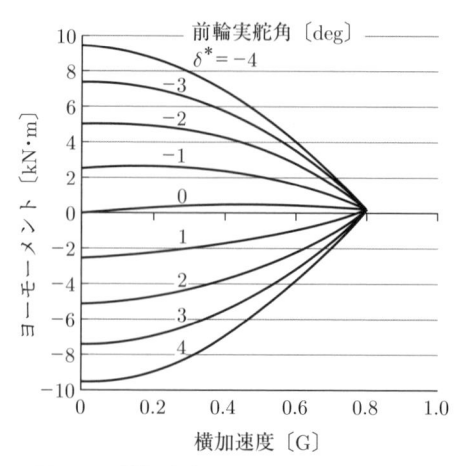

図 1.14　横加速度～ヨーモーメントの関係

1.3 モーメント法を用いた非線形領域の車両運動解析　13

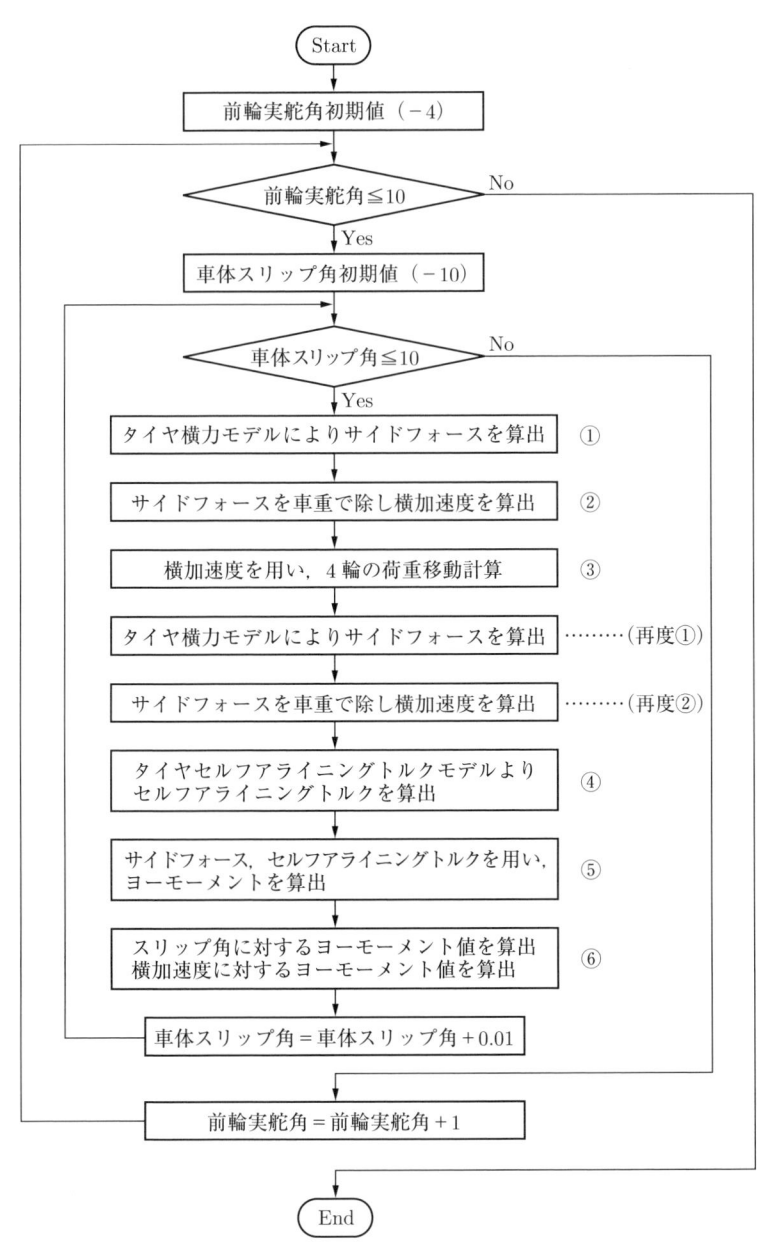

```
                    ┌─────────┐
                    │  Start  │
                    └────┬────┘
                         │
          ┌──────────────▼──────────────┐
          │  前輪実舵角初期値（-4）      │
          └──────────────┬──────────────┘
   ┌──────────────────▶  │
   │          ◇─────────▼─────────◇  No
   │         ＜  前輪実舵角 ≦ 10    ＞──────┐
   │          ◇─────────┬─────────◇        │
   │                    │ Yes              │
   │      ┌─────────────▼─────────────┐    │
   │      │  車体スリップ角初期値（-10）│    │
   │      └─────────────┬─────────────┘    │
   │ ┌──────────────▶   │                  │
   │ │        ◇─────────▼─────────◇  No    │
   │ │       ＜  車体スリップ角 ≦ 10 ＞──┐  │
   │ │        ◇─────────┬─────────◇    │  │
   │ │                  │ Yes          │  │
   │ │  ┌───────────────▼───────────────┐ ①│
   │ │  │タイヤ横力モデルによりサイドフォースを算出│  │
   │ │  └───────────────┬───────────────┘ ②│
   │ │  │サイドフォースを車重で除し横加速度を算出│  │
   │ │  └───────────────┬───────────────┘ ③│
   │ │  │横加速度を用い，4輪の荷重移動計算│    │  │
   │ │  └───────────────┬───────────────┘   │
   │ │  │タイヤ横力モデルによりサイドフォースを算出│ ……（再度①）│
   │ │  └───────────────┬───────────────┘   │
   │ │  │サイドフォースを車重で除し横加速度を算出│ ……（再度②）│
   │ │  └───────────────┬───────────────┘ ④│
   │ │  │タイヤセルフアライニングトルクモデルより│  │
   │ │  │セルフアライニングトルクを算出          │  │
   │ │  └───────────────┬───────────────┘ ⑤│
   │ │  │サイドフォース，セルフアライニングトルクを用い，│ │
   │ │  │ヨーモーメントを算出                    │  │
   │ │  └───────────────┬───────────────┘ ⑥│
   │ │  │スリップ角に対するヨーモーメント値を算出│  │
   │ │  │横加速度に対するヨーモーメント値を算出  │  │
   │ │  └───────────────┬───────────────┘    │
   │ │  │車体スリップ角＝車体スリップ角＋0.01   │  │
   │ └──┴───────────────┬───────────────┘    │
   │                    │                    │
   │     ┌──────────────▼──────────────┐     │
   │     │前輪実舵角＝前輪実舵角＋1     │     │
   └─────┴──────────────┬──────────────┘     │
                        │◀───────────────────┘
                    ┌───▼───┐
                    │  End  │
                    └───────┘
```

図 1.15　モーメント法の計算フロー

1.3.2 モーメント線図の代表例

　第2章，第3章のドライビングシミュレータ実験で用いる車両ケースにおいて，ヨーモーメントと横加速度，操舵角の関係から求めたグラフを，図1.16～図1.25に示す。前後加速度0〔G〕のときの車体スリップ角～ヨーモーメントの関係および横加速度～ヨーモーメントの関係が図1.16および図1.17，同様に前後加速度0.2〔G〕加速時のものが図1.18および図1.19，同様に0.4〔G〕加速時のものが図1.20および図1.21である。そして，前後加速度0.2〔G〕減速時のものが図1.22および図1.23，同様に0.4〔G〕減速時のものが図1.24および図1.25である。

　次に，車体スリップ角～ヨーモーメントの関係および横加速度～ヨーモーメントの関係を，1枚のグラフにまとめたものを，図1.26～図1.28に示す。前後加速度0〔G〕の時横加速度と車体スリップ角～ヨーモーメントの関係が図1.26，0.4〔G〕加速時のものが図1.27，同様に0.4〔G〕減速時のものが図1.28である。

〔1〕 モーメント線図の考察

　前後加速度0〔G〕のときの車体スリップ角～ヨーモーメントの関係および横加速度～ヨーモーメントの関係の図1.16および図1.17より，大スリップ角領域，

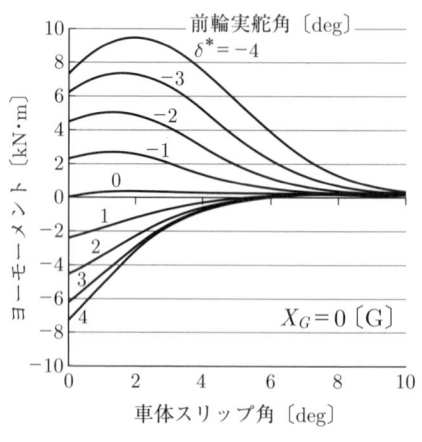

図1.16 車体スリップ角～ヨーモーメントの関係（前後加速度0〔G〕時）

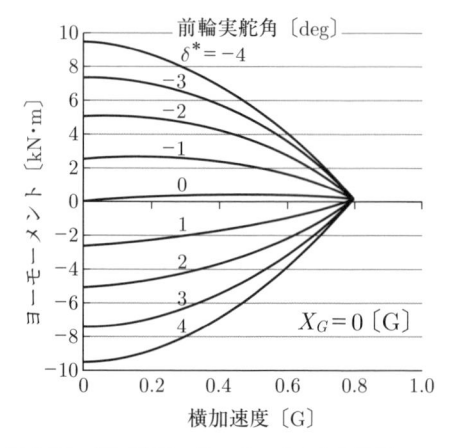

図1.17 横加速度～ヨーモーメントの関係（前後加速度0〔G〕時）

1.3 モーメント法を用いた非線形領域の車両運動解析

すなわち高い横加速度領域においては，操舵角に伴うヨーモーメントコントロール幅は著しく減少し，ファイナルはニュートラルに近い若干の復元方向のヨーモーメントに収束することがわかる。

一方，前後加速度 0.2〔G〕加速時のものである図1.18 および図1.19，同様に 0.4〔G〕加速時のものである図1.20 および図1.21 より，大スリップ角領域，す

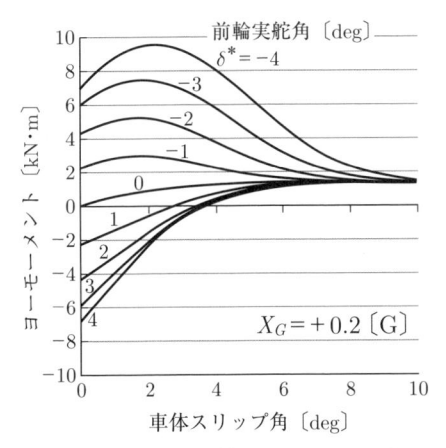

図 1.18 車体スリップ角〜ヨーモーメントの関係（0.2〔G〕加速時）

図 1.19 横加速度〜ヨーモーメントの関係（0.2〔G〕加速時）

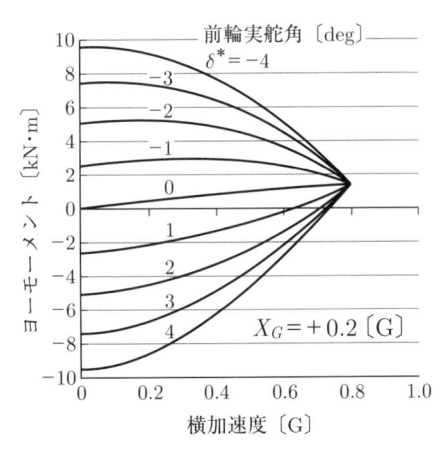

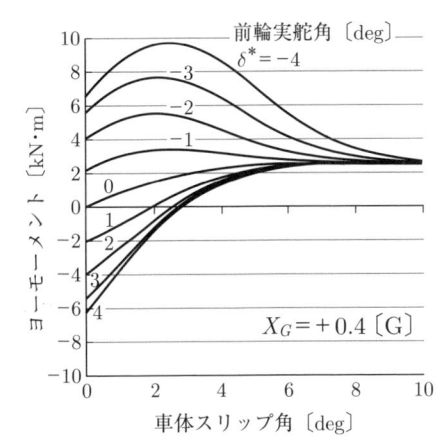

図 1.20 車体スリップ角〜ヨーモーメントの関係（0.4〔G〕加速時）

図 1.21 横加速度〜ヨーモーメントの関係（0.4〔G〕加速時）

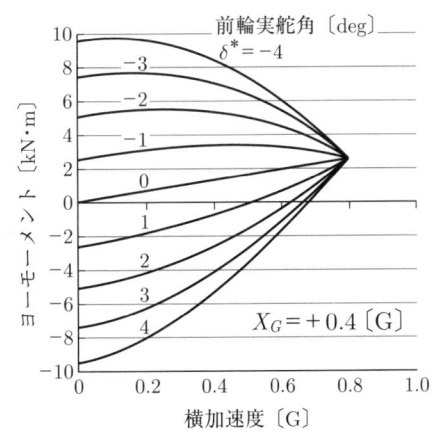

なわち高い横加速度領域においては，操舵角に伴うヨーモーメントコントロール幅は著しく減少し，加速により，前輪荷重減少，後輪荷重増加し，ファイナルは後輪のコーナリングフォースによる復元モーメントが前輪コーナリングフォースによる回頭モーメントより大きくなる．その結果，復元方向のヨーモーメントに至る傾向となっていることがわかる．

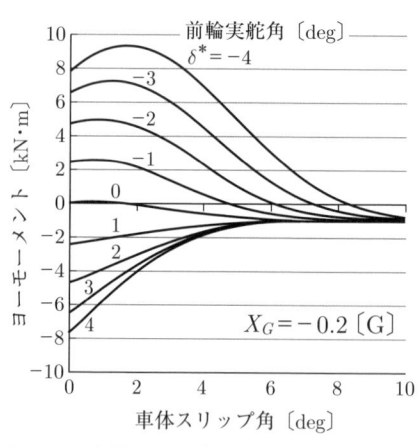

図 1.22 車体スリップ角～ヨーモーメントの関係（0.2〔G〕減速時）

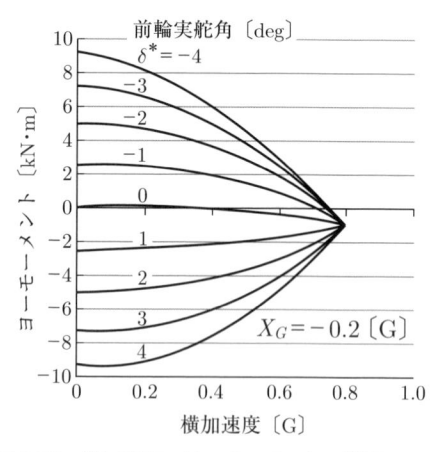

図 1.23 横加速度～ヨーモーメントの関係（0.2〔G〕減速時）

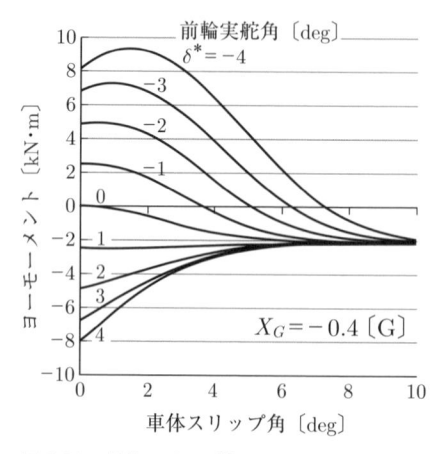

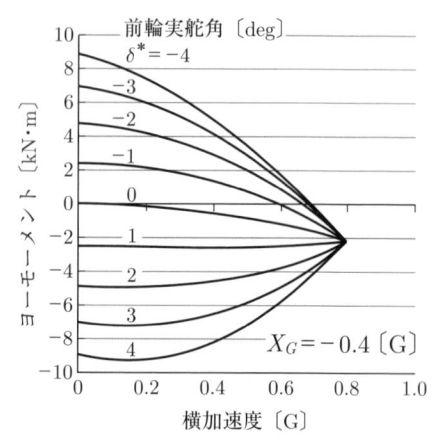

図 1.24 車体スリップ角～ヨーモーメントの関係（0.4〔G〕減速時）

図 1.25 横加速度～ヨーモーメントの関係（0.4〔G〕減速時）

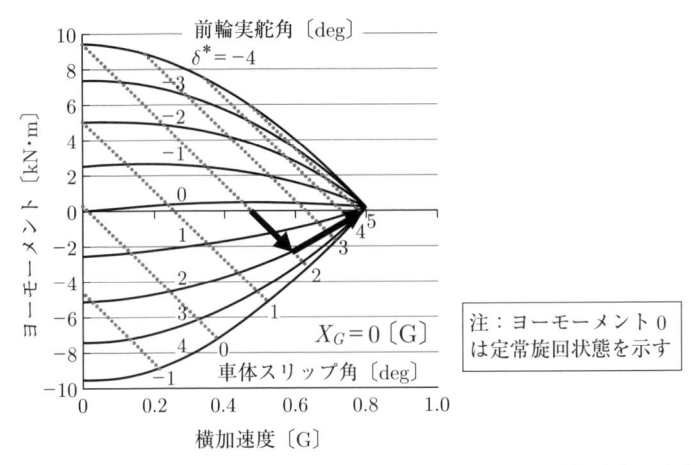

1.3 モーメント法を用いた非線形領域の車両運動解析

図1.26 横加速度と車体スリップ角〜ヨーモーメントの関係（前後加速度0〔G〕時）

また，前後加速度 0.2〔G〕減速時のものである図 1.22 および図 1.23，同様に 0.4〔G〕減速時のものである図 1.24 および図 1.25 より，大スリップ角領域，すなわち高い横加速度領域においては，操舵角に伴うヨーモーメントコントロール幅は著しく減少し，減速により，前輪荷重増加，後輪荷重減少し，ファイナルは前輪のコーナリングフォースによる回頭モーメントが後輪コーナリングフォースによる復元モーメントより大きくなる。その結果，回頭方向（スピン方向）のヨーモーメントに至る傾向となっていることがわかる。

次に，車体スリップ角〜ヨーモーメントの関係および横加速度〜ヨーモーメントの関係を，1枚のグラフにまとめたものである図 1.26〜図 1.28 を考える。前後加速度 0〔G〕のときの横加速度と車体スリップ角〜ヨーモーメントの関係である図 1.26，0.4〔G〕加速時のものである図 1.27，同様に 0.4〔G〕減速時のものである図 1.28 より，前述の傾向を総合的に把握できることがわかる。すなわち，モーメント法は，コーナリング限界挙動の全体を線形領域からどのように変化してくるかなど，1枚の紙で把握できるという有効性を有しているのである。

(a) モーメント線図のメリット

定常旋回状態から操舵を切り増しした場合，図 1.26 のように高い横加速の定常旋回に至れるか，ケースによっては，切り増ししても横加速度が増加せずに，

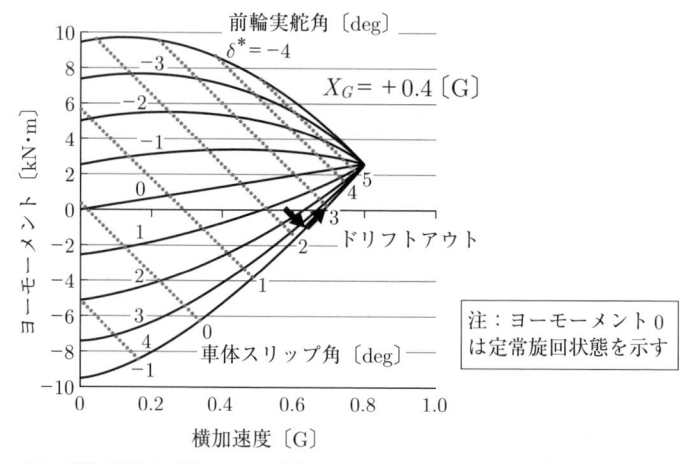

図 1.27 横加速度と車体スリップ角〜ヨーモーメントの関係（0.4〔G〕加速時）

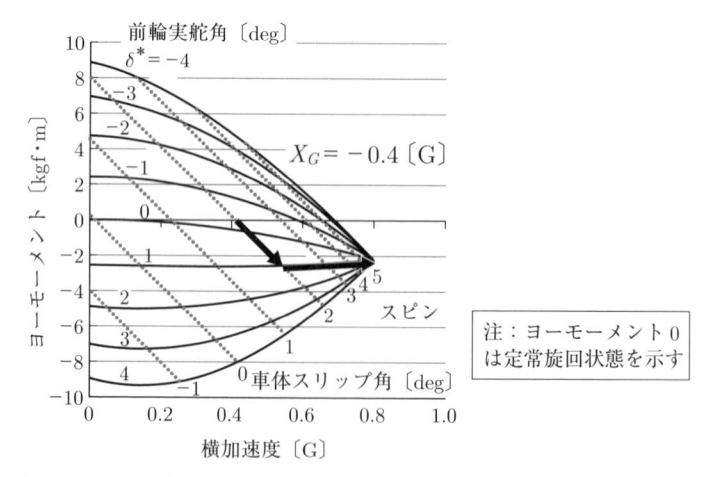

図 1.28 横加速度と車体スリップ角〜ヨーモーメントの関係（0.4〔G〕減速時）

ドリフトアウト状態になる場合，スピンに至る場合などの，ファイナル挙動がわかる（図 1.27 および図 1.28 参照）。

（b）ドリフトアウト状態

　定常旋回状態から操舵を切り増しした場合，図 1.27 のように切り増ししても横加速度が増加せずに，ドリフトアウト状態になるなどの，ファイナル挙動を推定できる。

（c） スピンに至る場合

定常旋回状態から操舵を切り増しした場合，図1.28のようにケースによってはスピンに至る場合となることが，モーメント線図により把握できる。

1.4 モーメント法を用いた限界領域でのキャンバ角制御の効果の解析[A-10]

1.4.1 計算条件
〔1〕 タイヤ特性および車両諸元

キャンバスラストの効果を有効活用するため，タイヤはトレッド形状の丸いバルーンタイヤを使用した。ここで前輪実舵角 $\delta^* = 0$ のときの車体のスリップ角に対する前輪と後輪のサイドフォース特性は図1.29のようになる。摩擦係数 μ は0.8とした。また，キャンバ角に対する独立の影響を見るためにサスペンション特性については省略している。

計算に使用した Magic Formula タイヤモデルの係数は，1.2節の表1.1，表1.2を用いている。

車両諸元は，車両質量 $m = 1600$〔kg〕，ホイールベース $l = 2.5$〔m〕，車両前後の重量配分は 60：40 の一般的な車両である。

ここで前輪実舵角 $\delta^* = 0$ のときの車体のスリップ角 β に対する前輪と後輪のサイドフォース特性は図1.30のようになる。また，車体に作用する4輪のサイ

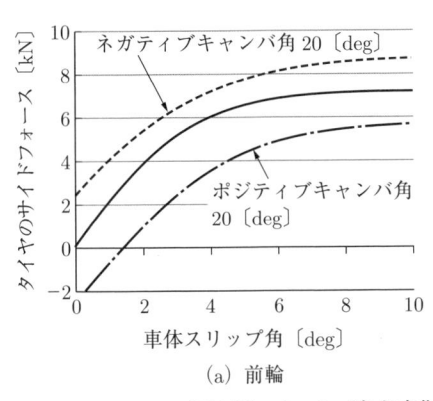

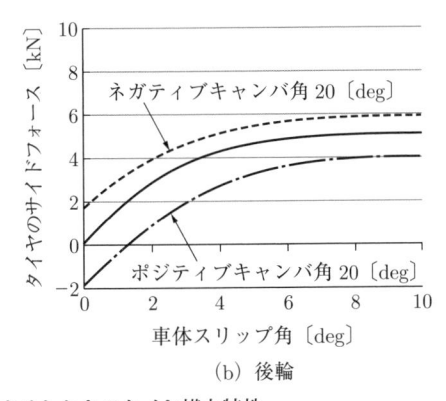

(a) 前輪　　　　(b) 後輪

図 1.29 キャンバ角を変化させたときのタイヤ横力特性

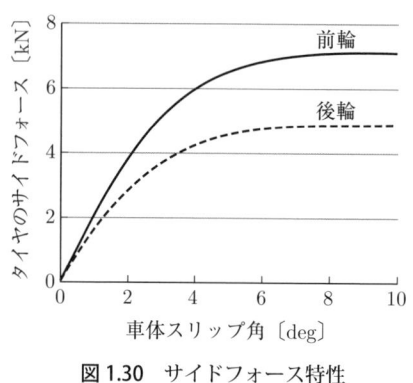

図 1.30 サイドフォース特性

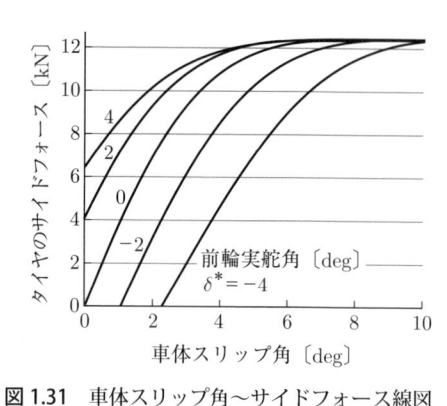

図 1.31 車体スリップ角〜サイドフォース線図

ドフォースの合計値 F は図 1.31 のようになる．なお，摩擦係数 μ は 0.8 とした．

1.4.2 限界領域でのキャンバ角制御の効果・計算結果

図 1.32 はキャンバ角を付けていないときの車両運動特性を表している．

図 (a) において横軸上はヨーモーメントがゼロなので，定常円旋回の状態を示す．曲線がこの横軸より上にあるときは車体スリップ角を小さくする方向の復元モーメントが働き運動が安定し，逆に横軸より下にあれば車体スリップ角を大きくする方向にモーメントが作用し旋回を助長することになる．

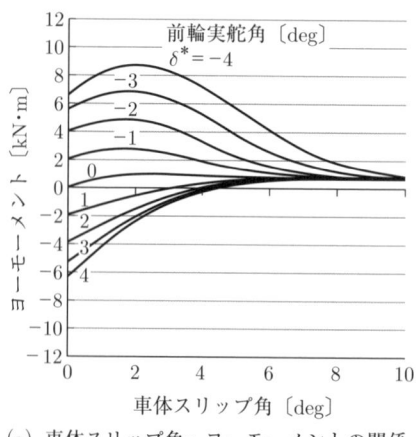

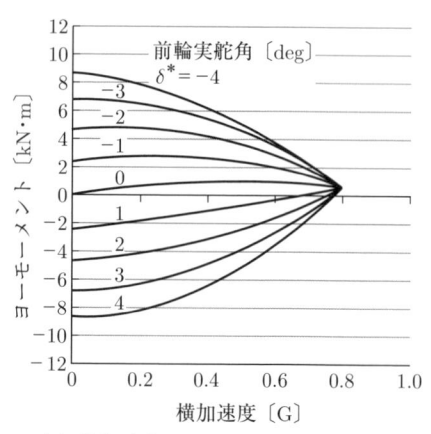

(a) 車体スリップ角〜ヨーモーメントの関係

(b) 横加速度〜ヨーモーメントの関係

図 1.32 ヨーモーメント線図

1.4 モーメント法を用いた限界領域でのキャンバ角制御の効果の解析

定常円旋回（ヨーモーメント0時）の限界以上の車体スリップ角においては復元モーメントが発生しており，定常円旋回が持続不可能となり，前輪が先に限界に達して車両はドリフトアウト状態となる。この関係を横加速度に対してグラフにしたものが図 (b) である。定常円旋回（ヨーモーメント0時）の限界横加速度以上の横加速度においては復元モーメントが発生している。

次に，タイヤのキャンバ角を大きく変化させたときの解析結果を図 1.33 ～図 1.35 に示す。ここで，キャンバ角は旋回している方向に傾けることをネガティブキャンバ角，旋回方向とは逆方向に傾けることをポジティブキャンバ角とする。

図 1.33 は前輪ネガティブキャンバ角 20〔deg〕，後輪ポジティブキャンバ角 20〔deg〕を付けたときの解析結果である。

図 (a) より前輪ネガティブキャンバ角 20〔deg〕，後輪ポジティブキャンバ角 20〔deg〕を付けることで車体スリップ角 10〔deg〕付近において，過渡的な回頭モーメントが約 3〔kN·m〕程度発生していることから，キャンバ角をコントロールすることで限界領域において操舵が効くようになることがわかる。図 (b) よりこの特性を横加速度に対して見ると，制御をしていない場合での旋回限界横加速度である 0.8〔G〕付近においても過渡的な回頭モーメントが発生しており，コーナリング限界でも操舵が効くことがわかる。

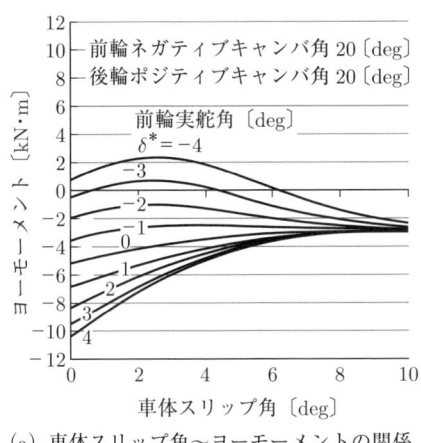

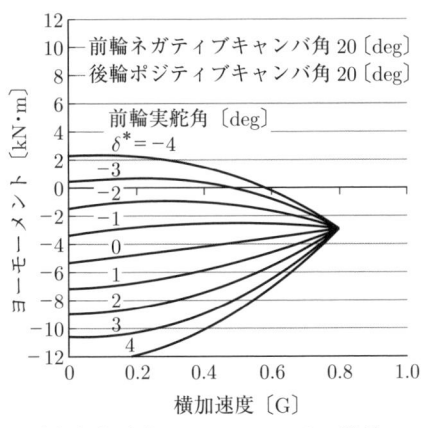

(a) 車体スリップ角～ヨーモーメントの関係　(b) 横加速度～ヨーモーメントの関係

図 1.33 ヨーモーメント線図

第1章 限界コーナリングのダイナミクス

図 1.34 は，前輪ポジティブキャンバ角 20〔deg〕，後輪ネガティブキャンバ角 20〔deg〕を付けたときの解析結果である。キャンバ角を変化させることで，コーナリング限界で復元モーメントが発生している。キャンバ角を変化させることによって，過渡的な復元モーメントが発生し，スピンを回避できることがわかる。

図 1.35 は前輪ネガティブキャンバ角 20〔deg〕，後輪ネガティブキャンバ角 20

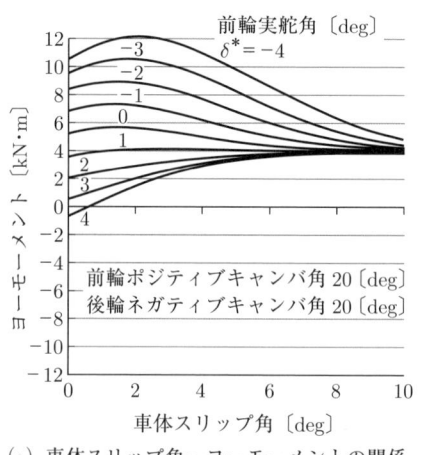

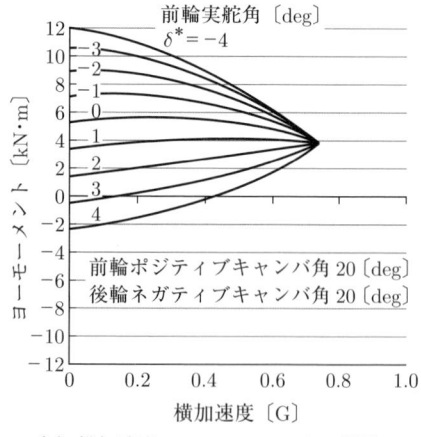

(a) 車体スリップ角〜ヨーモーメントの関係　　(b) 横加速度〜ヨーモーメントの関係

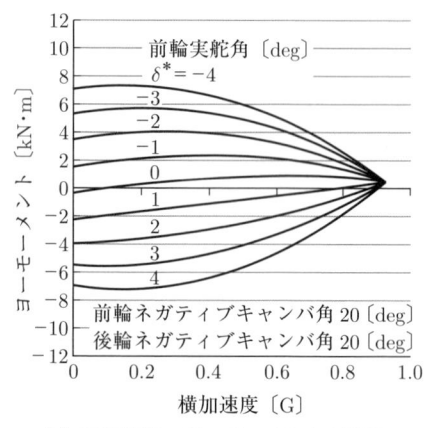

図 1.34 ヨーモーメント線図

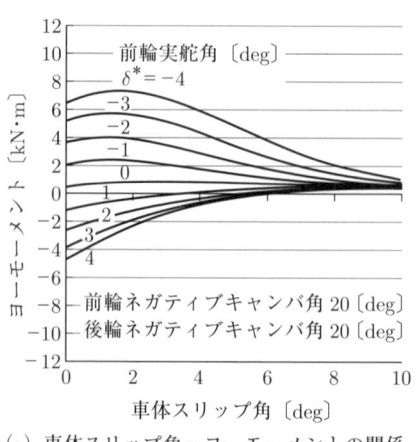

(a) 車体スリップ角〜ヨーモーメントの関係　　(b) 横加速度〜ヨーモーメントの関係

図 1.35 ヨーモーメント線図

〔deg〕を付けたときの計算結果である。図1.32(a)と図1.35(a)を比較すると，前輪実舵角に対するヨーモーメントはあまり変化していないが，図1.32(b)と図1.35(b)を比較すると，ネガティブキャンバ角を付けることで定常円旋回を維持できる限界横加速度が向上している。ネガティブキャンバ角を付けることで20%限界横加速度の向上が期待できていることがわかる。キャンバ角制御は，前輪実舵角に対する車両のヨーモーメント特性をあまり変化させることなく，限界横加速度を向上させることができることがわかる。

図1.36は前輪実舵角 $\delta^*=0$ の条件でキャンバ角制御の効果を解析したものである。前後輪キャンバ角バランスを変化させることで，コーナリング限界においてヨーモーメントを回頭側から復元側まで正負に変化させることができることがわかる。

また，ネガティブキャンバ角を付けるため，限界横加速度が向上することからヨーモーメントのコントロール域が拡がり，さらに，コーナリング限界領域においても限界横加速度を上げてコントロールできることがわかる。

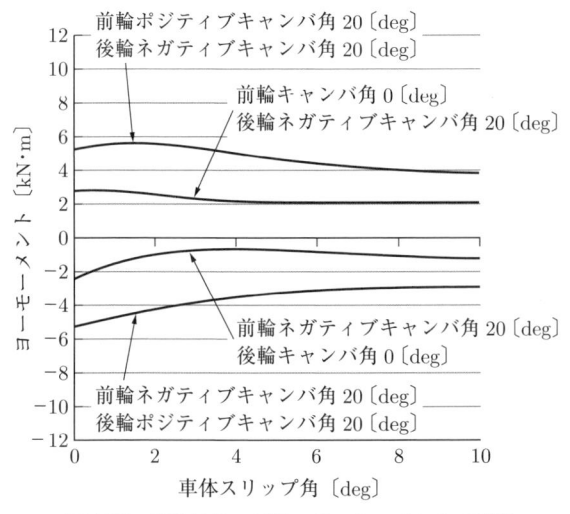

図1.36 車体スリップ角～ヨーモーメントの関係

1.5 加速・減速時でのキャンバ角制御の効果

1.5.1 荷重移動解析

内外輪の横加速度に対する荷重移動特性を図1.37に示す。

加速減速時での効果の計算において，表1.3に示すパラメータを用いて行っている。

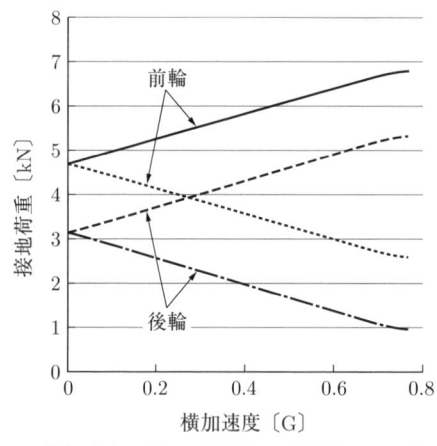

表1.3 計算におけるパラメータの設定

パラメータ	値	単位
$m = \dfrac{W}{g}$	1 600	kg
G_f	0.48	−
G_r	0.52	−
h_f	0.046	m
h_r	0.05	m
h_g	0.52	m
t_f	1.47	m
t_r	1.459	m

図1.37 横加速度に対する前後輪の内外輪の接地荷重変化

1.5.2 加速減速時での効果の計算結果

次に，加速減速時でのキャンバ角制御の効果を計算した結果を示す。加速減速度X_gは±0.4〔G〕としている。図1.38，図1.39はキャンバ角制御を行っていない場合の計算結果である。加速時は復元モーメントMの値は増大し，減速時には減少することがわかる。

図1.38は加速による前後輪荷重移動の影響（前輪荷重が減少，後輪荷重が増加）で，前輪実舵角に対するヨーモーメントが，車体スリップ角に対する特性，横加速度に対する特性とも全体的に復元モーメント側に移動しており，定常円旋回を維持できる領域が著しく減少している。

また，図1.39は減速による前後輪荷重移動の影響（前輪荷重が増加，後輪荷重が減少）で，前輪実舵角に対するヨーモーメントが車体スリップ角に対する特性，横加速度に対する特性とも全体的に回頭モーメント側に移動しており，定常

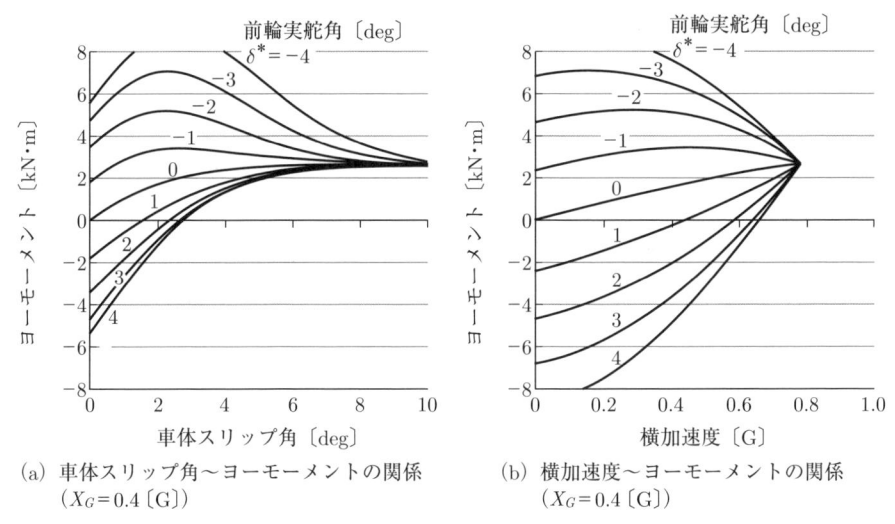

図1.38 ヨーモーメント線図

(a) 車体スリップ角～ヨーモーメントの関係 ($X_G = 0.4$ [G])

(b) 横加速度～ヨーモーメントの関係 ($X_G = 0.4$ [G])

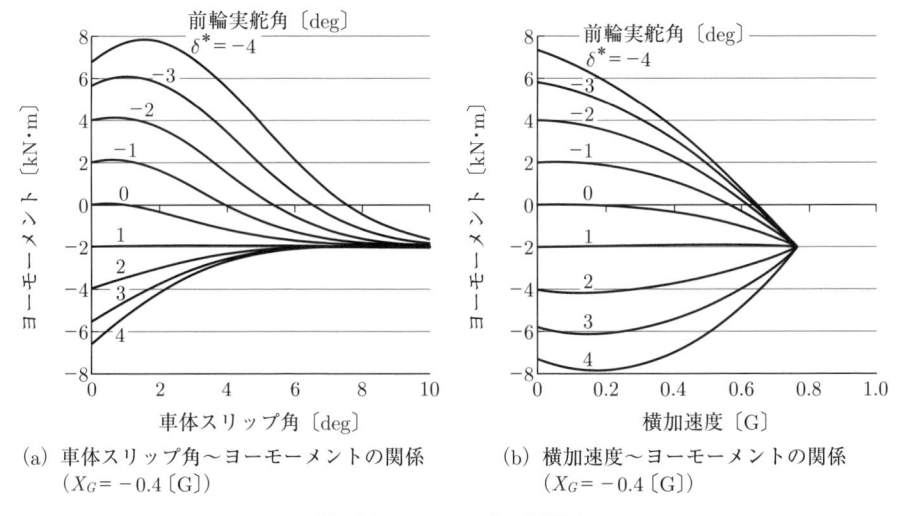

図1.39 ヨーモーメント線図

(a) 車体スリップ角～ヨーモーメントの関係 ($X_G = -0.4$ [G])

(b) 横加速度～ヨーモーメントの関係 ($X_G = -0.4$ [G])

円旋回を維持できる領域以上では過渡的な回頭モーメントが発生し，車両が不安定になる。

(a) 車体スリップ角～ヨーモーメントの関係 ($X_G=0.4$〔G〕)

(b) 横加速度～ヨーモーメントの関係 ($X_G=0.4$〔G〕)

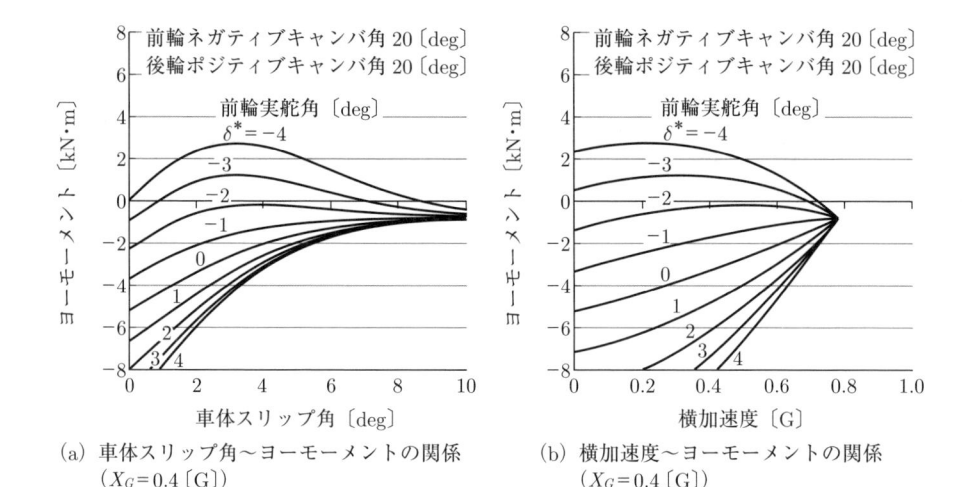

図 1.40 ヨーモーメント線図

　図 1.40 は加速 0.4〔G〕において，前輪ネガティブキャンバ角 20〔deg〕，後輪ポジティブキャンバ角 20〔deg〕を付けたときの計算結果である。キャンバ角を制御することで，前輪実舵角に対するヨーモーメントは加速による復元モーメントの増加が打ち消され，スリップ角に対する特性，横加速度に対する特性とも全体的に回頭モーメント側に移動することができる。すなわち，キャンバ角を制御することで加速時でも限界領域まで操舵が効くようになることがわかる。

　図 1.41 は減速度 0.4〔G〕において，キャンバ角を前輪ポジティブキャンバ角 20〔deg〕，後輪ネガティブキャンバ角 20〔deg〕を付けたときの計算結果である。キャンバ角を制御することで，前輪実舵角に対するヨーモーメントは，減速による回頭モーメントの増加が打ち消され，スリップ角に対する特性，横加速度に対する特性とも全体的に復元モーメント側に移動できることがわかる。キャンバ角を制御することで減速時にスピンに至るのを回避することができ，タックインによる巻き込みを防ぐことが可能となる。図 (b) より，この特性を横加速度で見ると，定常円旋回を維持できる限界横加速度の最大値が低減しているが，これは前輪のタイヤ特性で限界横加速度が決まる復元モーメント側で，前輪ポジティブキャンバ角により限界横加速度を下げて制御しているからである。

1.5 加速・減速時でのキャンバ角制御の効果

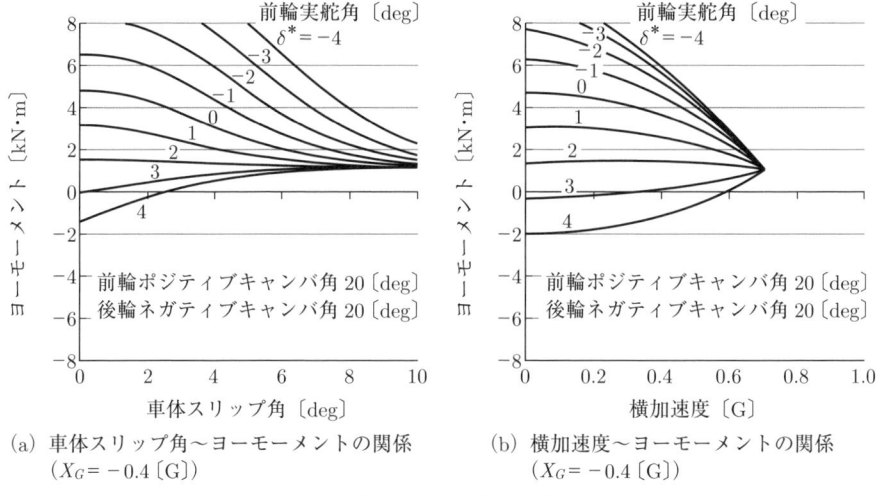

(a) 車体スリップ角～ヨーモーメントの関係
 ($X_G = -0.4$ [G])

(b) 横加速度～ヨーモーメントの関係
 ($X_G = -0.4$ [G])

図 1.41 ヨーモーメント線図

　コーナリング限界領域での操縦性・安定性向上を目的として，キャンバ角制御に着目し，その効果をモーメント法により解析を行った．その結果，キャンバ角制御はコーナリング限界領域においてもヨーモーメントと旋回限界横加速度の2つをコントロールできることがわかった．

　また，制動・駆動時でもキャンバ角を制御することで，前後輪荷重移動によるヨーモーメント変化を打ち消し，加速時に発生する復元モーメントを回頭モーメント側に，減速時に発生する回頭モーメントを復元モーメント側に変化させることができ，十分な効果が期待できる．

　キャンバ角を制御することでスピンしかけてもブレーキをかけることなく，あたかも何もなかったかのように挙動を変化させず，コントロールできると考えられる．それゆえ，タイヤの前後力に発生余裕の残っていない完全スキッド限界では，効果の期待できない内外輪制駆動力制御に対し，キャンバ角制御は内外輪制駆動力制御以上の効果が期待できることがわかった．

第2章

内外輪制駆動力制御について

本章においては，内外輪制駆動力制御について紹介する。

2.1 SH-AWD について

今日では電気自動車，燃料電池車等，環境に優しいエコカーが注目されつつあるが，インホイールモーター等の発達により，各輪が独立駆動できるようになった。モーターのトルクレスポンスは非常に高く，これまでのエンジンではなしえなかった瞬時コントロール等が可能になってくる。現在，自動車メーカー各社は，このあたりにも大きく注目している。内外輪の駆動力制御を有する四輪駆動制御システムは，本田技研工業（株）の SH-AWD（Super Handling All-Wheel-Drive）という四輪駆動力自在制御システムが，世界に先駆けたものであった。SH-AWD はセンターデフを持たず，リアドライブ部には左右の駆動力を調整する電磁ソレノイドで駆動される湿式多板クラッチを持ち，旋回性能を向上するために利用される。旋回加速時には外側後輪の接地荷重が増大するため，より多くの駆動力を配分することにより内側へのヨーモーメントを発生させ，旋回性を向上させている。また，前後輪のトルク配分もコントロールしている。

すなわち，後輪は旋回時，後輪左右のトルク差によって旋回性能を高めている。これよって旋回時の動力性能を飛躍的に向上させ，「よく曲がる」，「安定した」走りを実現している。2004 年にホンダ・レジェンドに SH-AWD が搭載され，市販化している。そしてその後，ダイレクトヨーコントロールとして多くの研究例がある。

このSH-AWDのような内外輪の駆動力制御を有する四輪駆動力制御システムは，電気自動車では，非常に制御しやすく，さらにトルクレスポンスが良いので，より高いレベルの制御が可能になると予想される。またさらに，VDC，VSA等の自動車の横滑り防止技術も，電気自動車では，内外輪の制駆動力制御が容易になりさらに高度化が予想される。

2.2　横滑り制御装置について

　自動車の横滑り防止技術も進展した。四輪操舵（4WS）は，旋回横加速度の比較的小さい範囲で大きな効果を発揮するが。横滑り防止技術は，旋回横加速度の大きい領域でも効果的なものとして注目された。

　その自動車の横滑り防止技術の1つに，ビークルダイナミクスコントロール（VDC）がある（VSA等各社で名称は異なるが，ほぼ同様である）。これは，制動力による偏ゆれ（ヨーイング）のコントロール装置である。限界旋回時に左右どちらかの車輪に自動的にブレーキをかけたり，エンジン出力を制御したりするなどして，車両の横滑りをコントロールし，向きを制御する。滑りやすい路面の走行時や障害物の緊急回避時に発生する車両の横滑りが軽減される。

　自動ブレーキは，車速を上げたときに旋回半径が大きくなるアンダーステアの場合には内輪に，車速を上げたときに旋回半径が小さくなるオーバーステアの場合には外輪にそれぞれ作動する。エンジン出力は，フロントエンジン・リアドライブ（FR）車ではオーバーステア時に，フロントエンジン・フロントドライブ（FF）車ではアンダーステア時に制御される。タイヤと路面間においては，前後の制動方向の力を4輪独立して制御している。

　VDC制御によるオーバーステア傾向時あるいはアンダーステア傾向時の緩和については，旋回時に外側の前輪および後輪にブレーキをかけてオーバーステアを抑制するヨーイングモーメントにより，その傾向を緩和する。また，アンダーステア傾向時の緩和については，旋回時内側の後輪にブレーキをかけてその傾向を抑制するヨーイングモーメントにより，アンダーステアを緩和する（図2.1参照）。

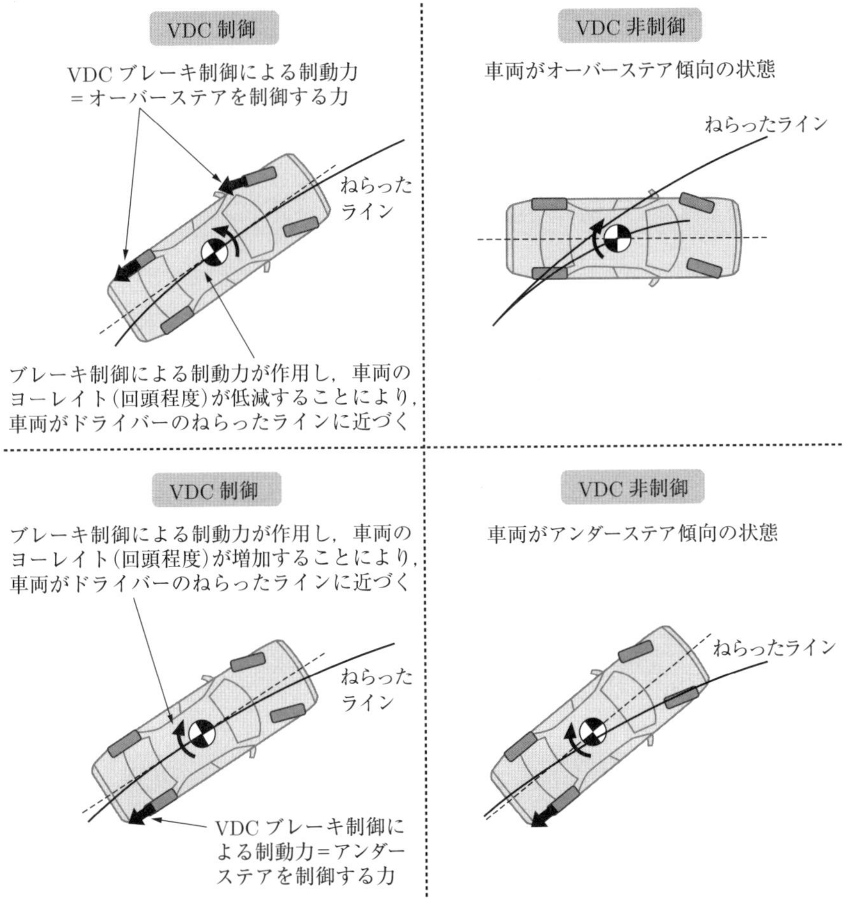

2.2 横滑り制御装置について　31

VDC 制御	VDC 非制御
VDC ブレーキ制御による制動力＝オーバーステアを制御する力 / ねらったライン / ブレーキ制御による制動力が作用し，車両のヨーレイト(回頭程度)が低減することにより，車両がドライバーのねらったラインに近づく	車両がオーバーステア傾向の状態 / ねらったライン
VDC 制御	VDC 非制御
ブレーキ制御による制動力が作用し，車両のヨーレイト(回頭程度)が増加することにより，車両がドライバーのねらったラインに近づく / ねらったライン / VDC ブレーキ制御による制動力＝アンダーステアを制御する力	車両がアンダーステア傾向の状態 / ねらったライン

図 2.1　VDC 制御によるオーバーステアあるいはアンダーステアの緩和

　滑りやすい路面でレーンチェンジをしたときなどにオーバーステア傾向あるいはアンダーステア傾向が大きいと判断すると，程度に応じてエンジン出力を制御するとともに4輪のブレーキ力を制御する。
　VDCは次のような構成で成り立っている。操舵角センサーや圧力センサー等の情報から得られる操舵角量やブレーキ操作量により，目標横滑り量を演算し，ヨー角速度センサーや横加速度センサー，車輪回転センサー等の情報から演算した車両の横滑り量と比較する。目標横滑り量と車両の横滑り量の差に応じて，

VDCのアクチュエータ（作動装置）に駆動信号を送り，ブレーキ制動力の調整を行うとともに，エンジン出力を調整することによって，車両の横滑りを抑制し，走行安定性を向上させる．

2.3 新しい内外輪制駆動力制御の研究例について

この研究例では，左右独立駆動車両の運動制御による操縦性・安定性の向上を目的とし，左右独立駆動制御手法を考案し，その優位性の理論検討およびシミュレーションモデルCarSim DS による解析，評価を行った．

本節ではこれらについて紹介する．

2.3.1 MATLAB-Simulink による車両モデルを用いた左右独立制駆動力制御の概要

左右独立制駆動力制御とは，旋回中の自動車の右側と左側のタイヤの制駆動力を個別に制御し，左右の駆動力差によって車体に働くヨーモーメントをダイレクトに制御する技術である．本研究で作成した左右独立制駆動力制御では，タイヤスリップ角が増加するにつれ横力が増加し続ける規範タイヤモデルを用いる．現実に存在するようなタイヤスリップ角が一定以上に増加したところで横力の増加が止まり，一定にとどまるタイヤではなく，タイヤスリップ角が増加するにつれ横力が増加し続ける理想的なタイヤをもとに，自動車旋回能力を規範タイヤモデルで走行した際の挙動に近づけるヨーモーメント制御を行う．

これによりに，車輌は各タイヤのグリップを限界まで使い，ヨーモーメントを制御する．規範タイヤモデルに近づけることで，旋回中の加速，減速によるタックンやアンダーステアといったステア変化を軽減し，高い横加速度の従来の車両では安定した旋回が難しい領域でも，よりニュートラルステアに近い状態を保つことができる．これにより，ドライバーの意図した走行が可能となると期待できる．

また，タイヤスリップ角が増加するにつれ横力が増加し続ける規範タイヤに近づけるため，高い横加速度領域でも車両にヨーモーメントを発生させることができる．そのため，車両の横加速度限界も向上することができ，これにより，車両

2.3 新しい内外輪制駆動力制御の研究例について

がスリップせず走行できる領域も広げ，旋回時における操縦性・安定性を高める効果が期待できる。

よって，本研究では作成した規範タイヤ方式による左右独立制駆動力制御（以下，規範タイヤ制御と称す）を用いて，これら旋回中の加速，減速によるステア変化を軽減と横加速度限界の向上の2つの効果について検討を行った。また，本田技研工業（株）のレジェンド等に採用されているような従来までの駆動力制御の方式である前後左右の加速度変化に応じた内外輪駆動力制御（以下，加速度制御と称す）でも同様の走行試験を行い，その効果について比較検討を行っている。

2.3.2 規範タイヤ制御

規範タイヤ制御は主に「(1) 規範ヨーモーメント算出」，「(2) 実際のヨーモーメントと規範ヨーモーメントの差分算出」，「(3) 前後左右の荷重移動を考慮し，余裕駆動力比率を算出」，「(4) 摩擦円モデルにより，実際に発揮できる駆動力を算出」の4つのブロックからなる。これを走行試験では，図2.2に示した

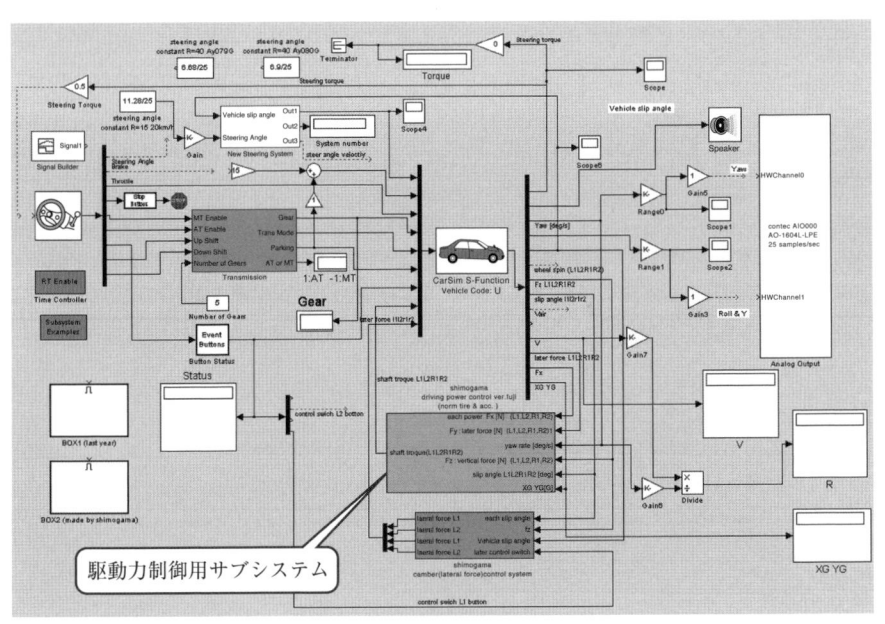

図 2.2　CarSim 上に駆動力制御用サブシステムを作成

34 第 2 章 内外輪制駆動力制御について

CarSim 上で図 2.3 のようなサブシステムモデルとして作成することで，各タイヤの制駆動力制御を行った．また，そのモデルのフローチャートを図 2.4 に示す．4 つのブロックの具体的な計算は〔1〕～〔4〕項で述べる．

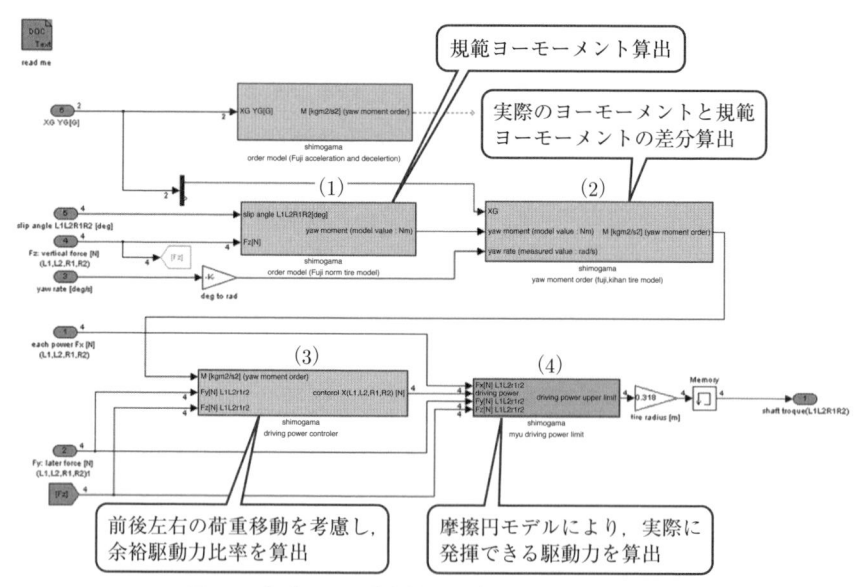

図 2.3 作成した駆動力制御モデル（規範タイヤ制御）

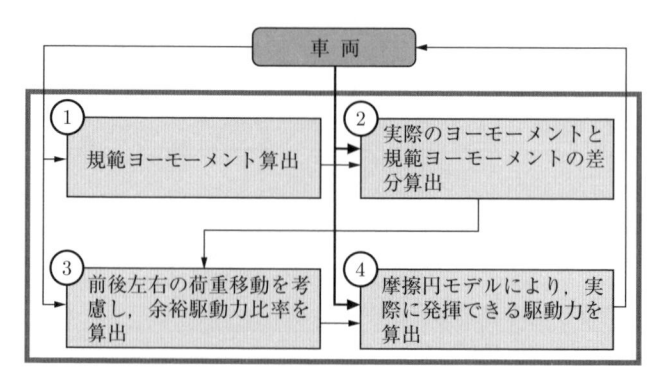

図 2.4 規範タイヤ制御モデルフローチャート

〔1〕 規範ヨーモーメント算出

規範タイヤモデルは，Simulink 内の基本的な機能の Interpolation Using Prelookup ブロックを用いる。タイヤスリップ角が一定以上に増加したところから実際のタイヤ横力とは異なり，図 2.5 のようにタイヤスリップ角が増加するにつれ横力が増加し続ける理想的なタイヤを表現している。この Interpolation Using Prelookup ブロックとは，内部に関数計算の結果等，複数の数値をエクセルのセルのようにテーブルデータとして保持することができ，入力に対してそれに妥当な値を内挿, 外挿等のデータ補間を行ったうえで出力するブロックである。また，実際のタイヤと規範タイヤの輪荷重 2 500，4 100，5 800〔N〕のときの横力の比較を，タイヤスリップと横力のグラフとして図 2.5 〜 図 2.8 に示す。

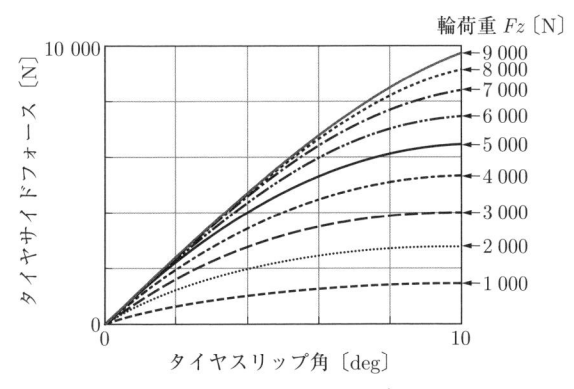

図 2.5 規範タイヤ横力モデル

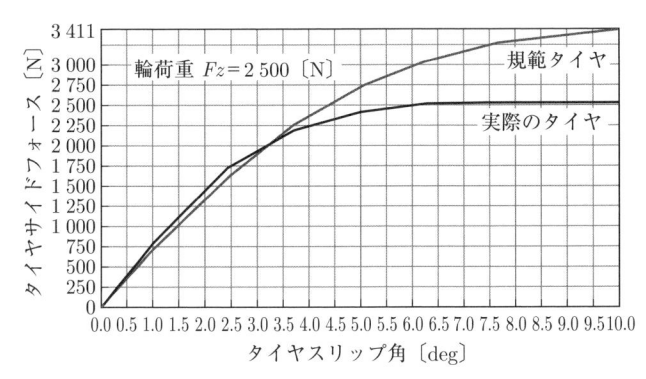

図 2.6 輪荷重 2 500〔N〕時の規範タイヤと実際のタイヤの横力比較

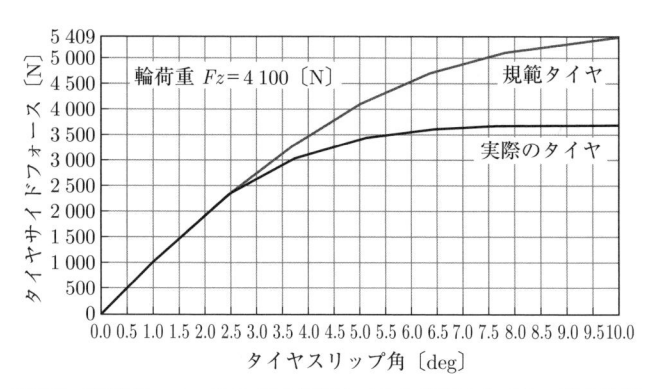

図 2.7 輪荷重 4 100〔N〕時の規範タイヤと実際のタイヤの横力比較

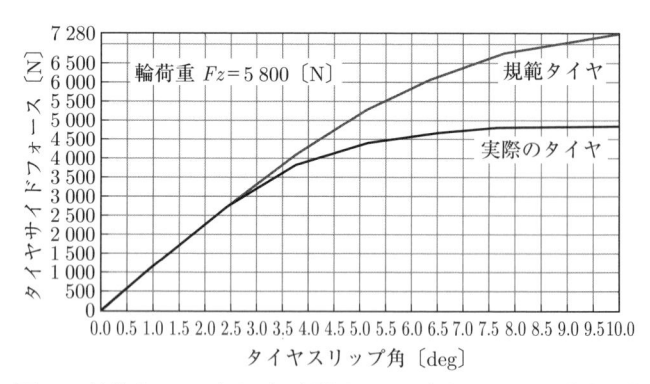

図 2.8 輪荷重 5 800〔N〕時の規範タイヤと実際のタイヤの横力比較

走行試験ではこの Interpolation Using Prelookup ブロックで表した規範タイヤモデルに，走行中の各タイヤの輪荷重とタイヤスリップ角を入力することで規範タイヤが発生する横力が出力され，この横力を用いて，

$$Me = -F_{ye_{R1}} \cdot L_f - F_{ye_{L1}} \cdot L_f + F_{ye_{R2}} \cdot L_r + F_{ye_{L2}} \cdot L_r \tag{2.1}$$

Me：規範タイヤのヨーモーメント

F_{ye_i}：各規範タイヤの横力

L_f，L_r：前軸（後軸）〜重心の長さ

より規範タイヤの発生するヨーモーメント Me を求めている。

また，この一連の計算を行っている CarSim 上のモデルを図 2.9 に示す。

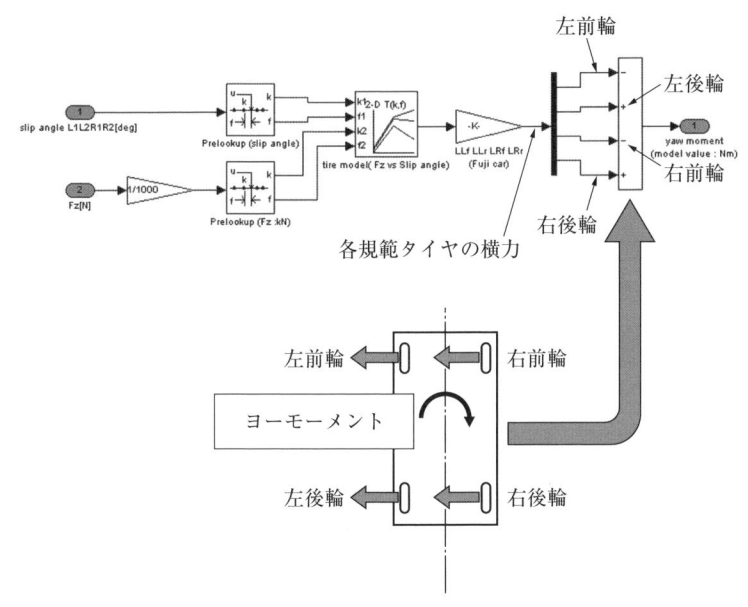

図 2.9 規範タイヤモデルによる規範ヨーモーメント計算

〔2〕 実際のヨーモーメントと規範ヨーモーメントの差分算出

　規範タイヤによる挙動再現に必要な左右駆動力差の計算では，〔1〕項の規範タイヤモデルで求めた，規範タイヤのヨーモーメントと走行中の車両のヨー慣性モーメントとヨーレイトの1階微分値から，以下のような関係で左右駆動力差を求めている。

$$M = Me - I_Z \dot{\gamma} \tag{2.2}$$

　　　　M：左右駆動力差，Me：規範タイヤのヨーモーメント

　　　　I_Z：ヨー慣性モーメント，γ：ヨーレイト

　また，本研究で用いたドライビングシミュレータ（DS）では，左右駆動力差はプラス（＋）に傾くと車両を右回りに，マイナス（－）に傾くと車両を左回りに回転させるようになる。例えば，右旋回加速時にはプラス（＋）に大きく傾けることで，より旋回能力を高めることができる。そのため，旋回中の減速時のタックインが発生するなど，一般的にカウンターステアを加えることで車両を安定させるような状態では，左右駆動力差 M を負の方向に作用させることで車両の

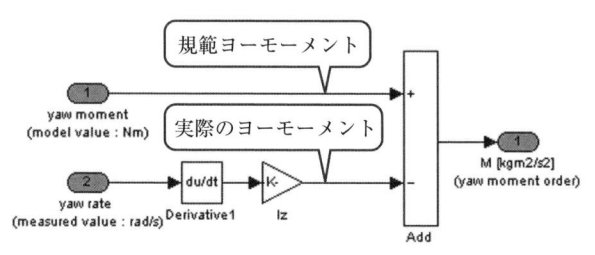

図2.10　実際のヨーモーメントと規範ヨーモーメントの差分算出

安定性を高めることができる。そこで本研究で使用した規範タイヤ制御では，前後加速度が-0.1〔G〕より負に大きい減速を行った場合には，Mに-0.9のゲインを加え，車両の安定性を高める走行試験を行った。

この一連の計算を行っているCarSim上のモデルを図2.10に示す。

〔3〕　前後左右の荷重移動を考慮し，余裕駆動力比率を算出

この計算では，まず走行中のそれぞれのタイヤに加わる輪荷重とタイヤ横力，路面との摩擦係数から，各タイヤの駆動力の余裕を以下の式から求めている。

$$X_i = \sqrt{(\mu F_{zi})^2 - F_{yi}^2} \tag{2.3}$$

X_i：各タイヤの駆動力の余裕，F_{zi}：各タイヤの輪荷重

F_{yi}：各タイヤの横力，μ：路面との摩擦係数

次に，式（2.2）で求めた左右駆動力差を右側前後輪，左側前後輪で50%ずつ配分し，さらに式（2.3）で求めたタイヤ余裕をもとに右側，左側の前輪と後輪で制駆動力を配分し，各タイヤに加える制駆動力制御量を決定している。この関係を式で示すと，以下のようになる。

$$f_{x_{L1}} = \frac{X_{L1}}{X_{L1} + X_{L2}} \frac{M}{2 \cdot \frac{t_r}{2}} \tag{2.4}$$

$$f_{x_{L2}} = \frac{X_{L2}}{X_{L1} + X_{L2}} \frac{M}{2 \cdot \frac{t_r}{2}} \tag{2.5}$$

$$f_{x_{R1}} = \frac{X_{R1}}{X_{R1} + X_{R2}} \frac{M}{2 \cdot \frac{t_r}{2}} \tag{2.6}$$

2.3 新しい内外輪制駆動力制御の研究例について

$$f_{x_{R2}} = \frac{X_{R2}}{X_{R1} + X_{R2}} \frac{M}{2 \cdot \frac{t_r}{2}} \tag{2.7}$$

f_{x_i}: 各タイヤの駆動力制御量

次に，この一連の計算を行っている CarSim 上のモデルを図 2.11 に示す．また，このモデル内で使用している前輪・後輪の合計駆動力の余裕が 0 になる際に発生するゼロ割を回避するためのモデルを図 2.12 に示す．

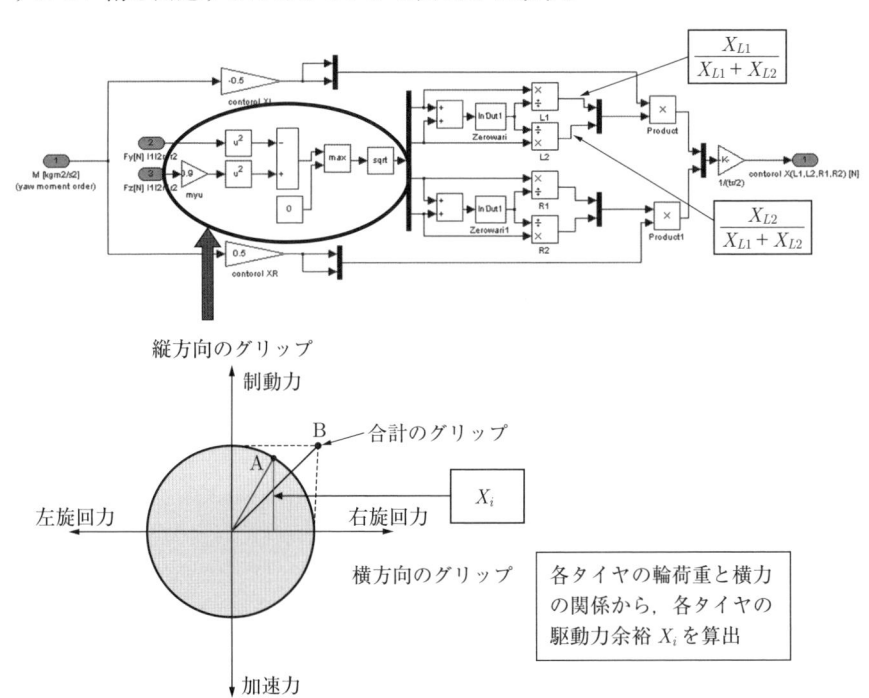

図 2.11　制駆動力配分モデル

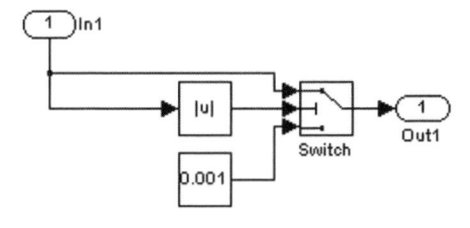

図 2.12　ゼロ割回避モデル

〔4〕 摩擦円モデルにより，実際に発揮できる駆動力を算出

この工程では，〔3〕項までで計算した制駆動力がタイヤの持つ摩擦円を超えていないかを確認し，もし摩擦円を超えるような制駆動力が加わりそうになった場合には抑制を行い，走行中の車両の各タイヤに無理な駆動力制御が加わることを防いでいる。その方法としては，走行中の各タイヤの本来持つ駆動力，横力，輪荷重と〔3〕項までで計算した制駆動力の関係から，以下の式 (2.8) の状態が満たされているのかをタイヤごとに確認する。

$$F_{xi} + f_{xi} \leq \sqrt{(\mu F_{zi})^2 - F_{yi}^2} \tag{2.8}$$

F_{xi}: 各タイヤが持つタイヤ本来の駆動力

式 (2.8) が満たされている場合には，図 2.13 に示した A のような状態でタイヤの摩擦円を超えるような制御が加わっていないため，制駆動力はそのまま抑制しない。満たされていない場合には，図 2.13 の B のようにタイヤ摩擦円を超える状態のため，摩擦円に収まるまで抑制する。また，制御量 0 まで抑制してもタイヤ摩擦円に収まらない場合には，駆動力制御を行わないようにしている。この一連の動作を図 2.14 に示した，CarSim 上で作成したモデルにより行っている。

また，この工程では制駆動力の制御量はタイヤの前進する力〔N〕として出力されるので，実際の試験では最後に図 2.3 に示したモデル上でタイヤの半径を乗積することにより，トルクとして車両に出力している。

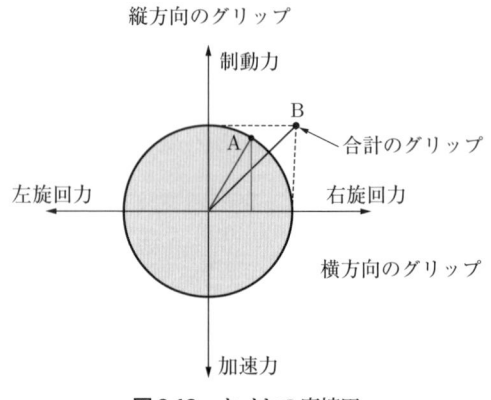

図 2.13　タイヤの摩擦円

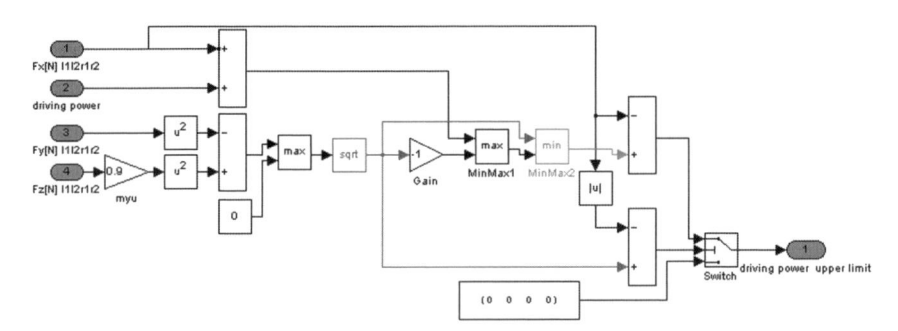

図 2.14 タイヤの摩擦円による駆動力制御抑制モデル

2.3.3 加速度制御（前後方向および横方向の加速度に応じた制御）

この制御は，1992 年に芝端氏他 2 名により提唱されたヨーモーメント制御手法で，主に旋回中の加速，減速による自動車のステア特性の変化を左右輪の駆動力差により車体にヨーモーメントを制御し，低減させる効果について焦点が当てられる。走行中のヨーモーメントの制御量 M は，以下の式のように定義される。

$$M = X_G \cdot Y_G \cdot w \cdot h_g \tag{2.9}$$

X_G：車両に加わる前後方向の加速度

Y_G：車両に加わる横方向の加速度

w：車重，h_g：車両の重心高さ

そのため，この加速度制御では急激な加速，減速時にそのときの横加速度に応じて制御が加わるようになっており，加速度のほとんどない緩加速等の状態では制御は加わらないようになっている。

また，本研究では規範タイヤ制御の効果の把握のため，この加速度制御を用いた場合でも同様の走行試験を行い，比較を行っている。このとき使用した CarSim 上の制御モデルを図 2.15 に，このモデルのフローチャートを図 2.16 に示す。

このモデルは図 2.3 の規範タイヤ制御で用いたものと同様に，3 ブロックに工程を分けて計算を行っている。規範タイヤ制御で用いた駆動力制御モデルとの違いは，規範タイヤ制御で用いた「(1) 規範ヨーモーメント算出」，「(2) 実際のヨーモーメントと規範ヨーモーメントの差分算出」が加減速制御用の式 (2.9) をモ

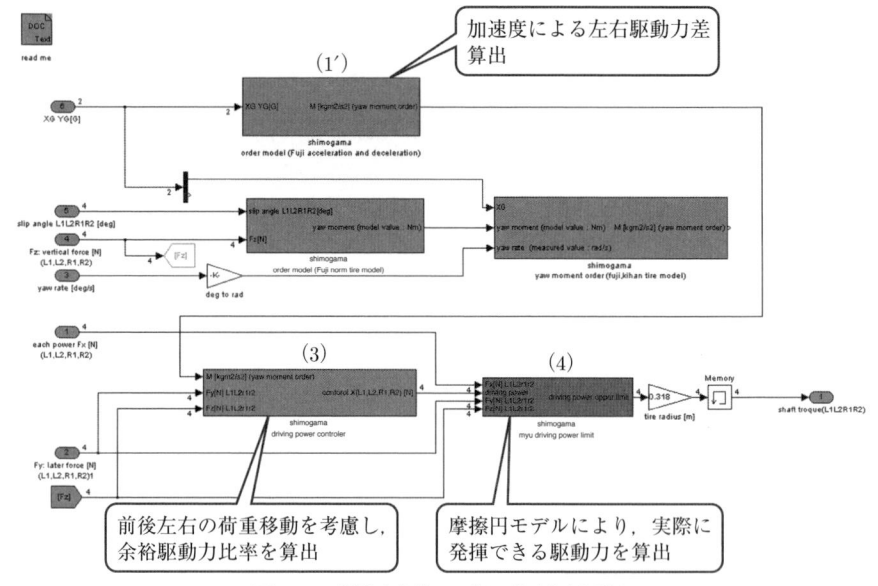

図 2.15 駆動力制御モデル（加速度制御）

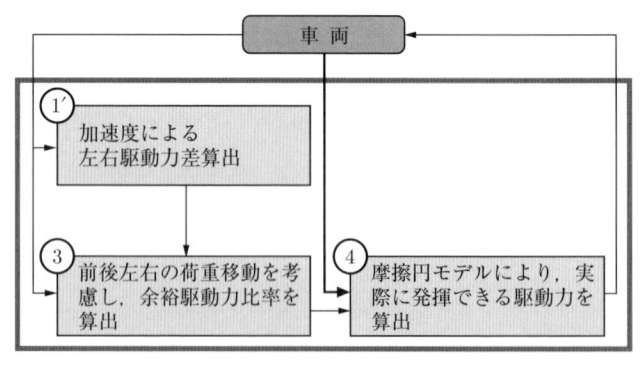

図 2.16 加速度制御モデルフローチャート

デル化した「(1′) 加速度による左右駆動力差算出」に変わっている。そのため，「(3) 前後左右の荷重移動を考慮し，余裕駆動力比率を算出」，「(4) 摩擦円モデルにより，実際に発揮できる駆動力を算出」については，それぞれ 2.3.2 項の〔3〕項，〔4〕項で述べたものと同じものを使用している。また，このとき使用した式 (2.9) をモデル化したものを図 2.17 に示す。

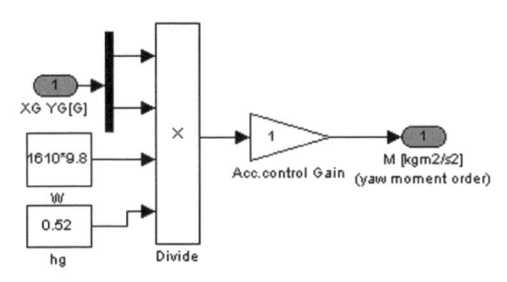

図2.17 加速度による左右駆動力差算出モデル

2.3.4 ドライビングシミュレータを用いた基本運動制御評価結果
〔1〕 モーション装置付ドライビングシミュレータ

　本研究では，試験装置としてモーション装置付ドライビングシミュレータ（以下，DSと称す）を用いて試験を行った。DSは三菱重工業（株）と筆者が共同で開発した装置[A-6)]を用いた。このDSの特徴は，図2.18に示すように，スピンやドリフト挙動を再現するヨーイング機構と，横加速度を並進とロールの両方により再現する高い横加速度体感機構の3軸制御を有しており，コーナリング限界領域での運転席の動的挙動を再現できる点である。これにより，グリップコー

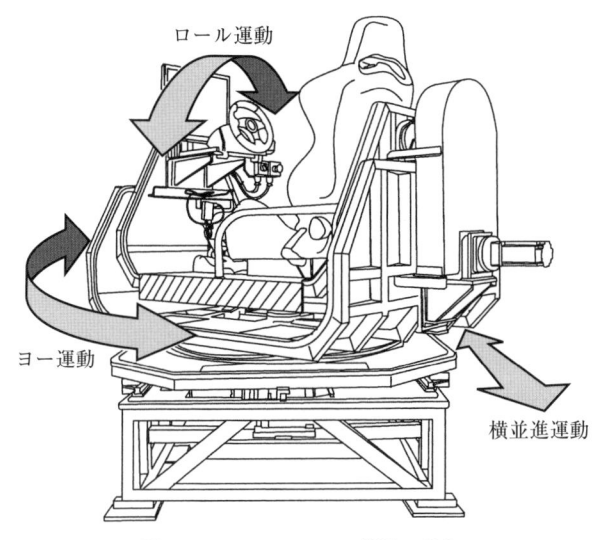

図2.18 DSモーション装置の動き

ナリングからドリフトコーナリングまでを忠実に再現することが可能である。また小型で軽量であるため，研究室等のように限られた場所でも使用可能な利点もある。

DSは，DS制御用のパソコンとモーション装置，それを制御するDS制御パネルの3つで構成されている。DSのソフトウェアは，MATLAB/Simulinkおよび CarSim 6.06 を用い，CarSimから出力されたヨーレイトと横方向速度をDS制御パネルに出力する。DS制御パネルでは，入力された値をもとにロール，ヨー，横並進運動の制御を行い，運転席の挙動を再現する。図2.19にDS制御用パソコ

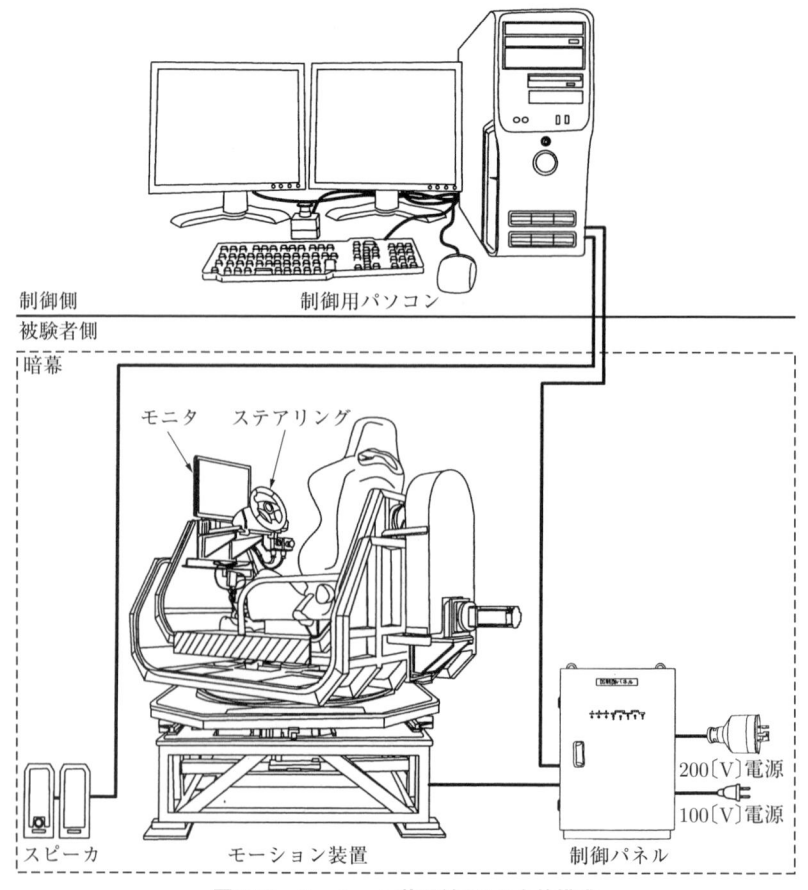

図 2.19 モーション装置付 DS の全体構成

ン，DS制御パネル，モーション装置の構成図を示す。DSのモーション装置の諸元・性能は表2.1のとおりである。また，ドライビングシミュレータの外観を図2.20に示す。

表2.1 モーション装置付DS諸元

項　目	性　能
方　式	ACサーボモーター方式
制御方式	ロール，ヨー，横並進の3軸制御方式 (ポテンショメーターによるフィードバック制御)
主仕様	動揺・回転周波数 　0〜3〔Hz〕 ロール動作 　最大角度±20〔deg〕，最大速度±50〔deg/s〕 ヨー動作 　最大角度±90〔deg〕，最大速度±40〔deg/s〕 横並進動作 　最大変位±200〔mm〕，最大速度±200〔mm/s〕，水平加速度±0.7〔G〕
装置の大きさ	幅1 525〔mm〕×長さ2 037〔mm〕×高さ1 800〔mm〕程度
装置の重量	約400〔kg〕
供給電源	単相AC 200〔V〕および単相AC 100〔V〕
搭乗者体重	80〔kg〕以下が望ましい

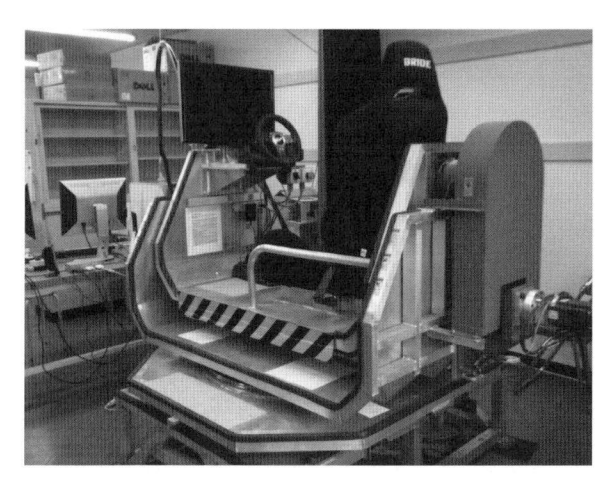

図2.20　DSの外観

〔2〕 MATLAB/Simulink

MATLABとは，米MathWorks社が開発した数値解析ソフトウェアであり，そのなかで使うプログラミング言語の名称でもある。MATLABは標準で行列計算，グラフ化，3次元表示等豊富なライブラリを持つ。さらに，Toolboxと呼ばれる拡張パッケージをインストールすることで，より高度なデータ解析やアプリケーションの拡張をすることができる。MATLABを用いると，C言語やFORTRANといった従来のプログラミング言語よりも短時間で簡単に科学技術計算を行うことができる。

Simulinkとは，MathWorks社によって開発されたシステムのモデル化，シミュレーション，解析のためのマルチドメインシミュレーションおよびダイナミクシステムである。マウス操作を用いて，パソコン上にブロック線図としてモデルを作成するためのグラフィカルユーザーインターフェイス（GUI）を有する。このインターフェイスにより，フローチャート図を紙の上に描くのと同じようにモデルを描画することができる。これは，他の言語やプログラミングで変数宣言や方程式を作成する必要があった，これまでのシミュレーションパッケージとは大きく異なる。また，Simulinkはカスタマイズ可能なブロックライブラリのセットでもある。

そして，MATLABとSimulinkは統合され，同時に動作することにより，任意の時点でシミュレーションや解析，修正を行うことができる。

〔3〕 CarSim

CarSimとは，（株）バーチャルメカニクス製の車両運動解析ソフトウェアである。乗用車や小型商用車のさまざまな運転条件（アクセル，ブレーキ，ハンドル，シフト操作）と環境条件（摩擦係数や高低差のある道路コース，横風等）での動的な挙動をパソコン上の操作でシミュレーション解析および評価することができる。

また，MATLAB/Simulinkとのインターフェイスをとることが容易で，さまざまな車両制御システムの制御ロジックを実車評価の前にパソコン上で検討／検証することができる。本研究ではCarSim 6.06を用いた。

〔4〕 車両諸元

DSでは，図 2.21 の車両諸元を用いた。車両モデルは，車両重量（バネ上車体で1個，バネ下回りで4個，車両の回転で4個，エンジンクランクシャフト1個）と各自由度から構成されている。また，車両の運動の自由度は3次元空間内の剛体の運動として X 方向の前後方向と回転運動（ロール），Y 方向の左右運動と回転運動（ピッチ），Z 方向の上下運動と回転運動（ヨー）がある。以上の移動による3自由度と回転による3自由度を加えた，計6自由度とした。また，タイヤモデルの諸元を図 2.22 に示す。

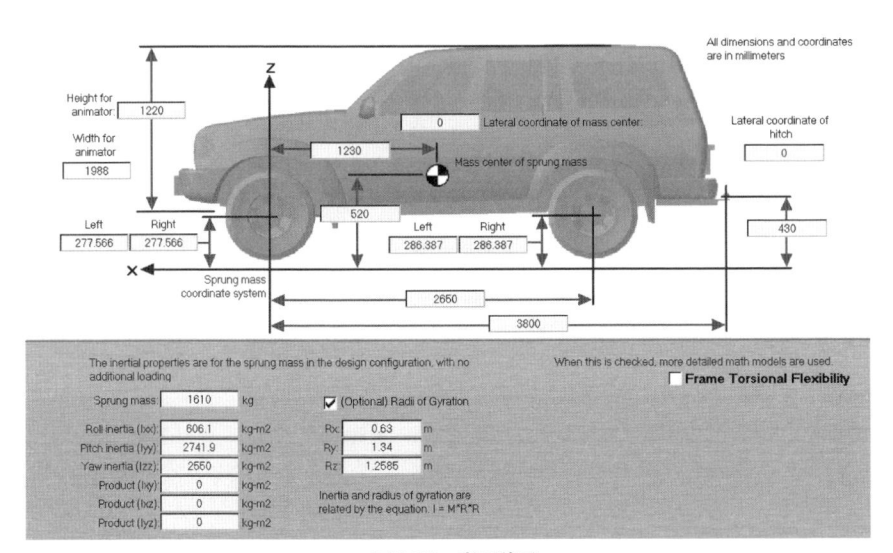

図 2.21 車両諸元

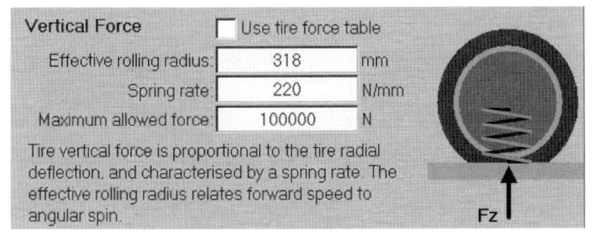

図 2.22 タイヤモデルの諸元

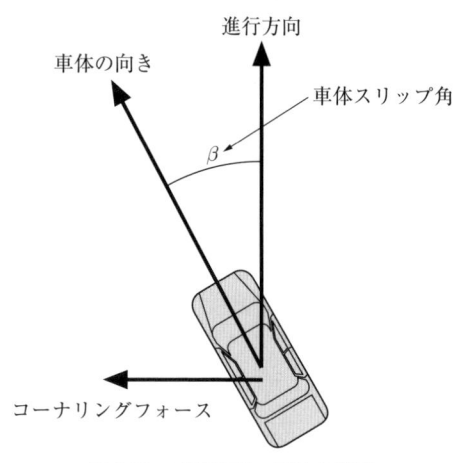

図 2.23　車体スリップ角の定義

車体スリップ角は図 2.23 のように進行方向に対する車体向きの差で定義され，各タイヤのスリップ角もこれと同じように進行方向とタイヤの向きの差で定義される．このタイヤのスリップ角が発生すると地面との接地面にたわみが生じ，それにより横力が発生する．図 2.24 に研究で使用したタイヤスリップ率に対するタイヤの制駆動力特性，図 2.25 にタイヤスリップ角に対するタイヤの横力特性を示す．また，それぞれの特性における地面間との作用係数は 0.87 となっている．

制駆動力特性は，図 2.24 に示したようにタイヤのスリップ率（横軸）が 0.15 以上になると低下し始め，0.45 を超えると一定値になる．また横力特性は，図

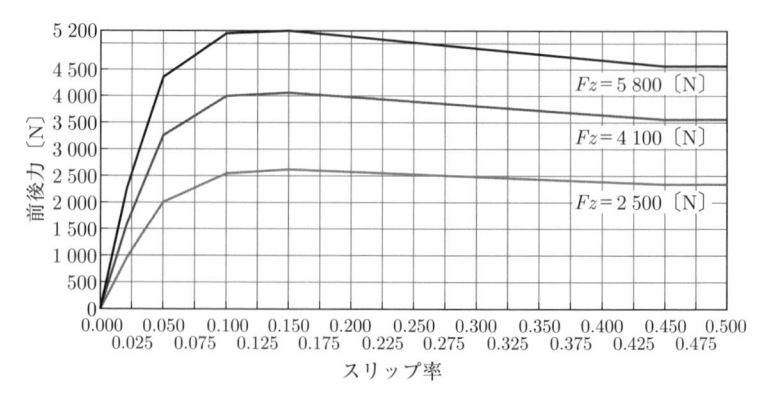

図 2.24　タイヤスリップ率に対するタイヤの制駆動力特性

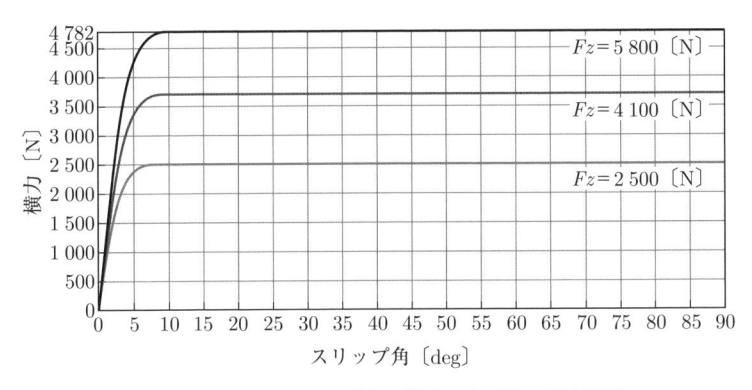

図 2.25 タイヤスリップ角に対するタイヤの横特性

2.25 のように横軸のタイヤスリップ角が 8〔deg〕までは横力はスリップ角が増えるとともに増加していくが，それ以降はスリップ領域に入るため横力は増加しない。

〔5〕 左右独立制駆動力制御を用いた加速円旋回走行試験

(a) 走行試験条件

DS を用いて図 2.26 で示した半径 15〔m〕の円旋回コース（摩擦係数 0.9）を前輪実舵角固定（11〔deg〕），車両は初速 20〔km/h〕で走らせ，35〔s〕のところで緩加速（0.06〔G〕）を開始する。この条件で，規範タイヤ制御がある場合とない場合での車体挙動を，人の要素が入らないオープンループの条件で比較した。また，駆動力制御を行わない場合，規範タイヤ制御を用いて制御を行った場合，

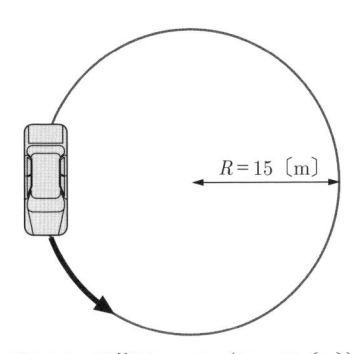

図 2.26 円旋回コース（$R = 15$〔m〕）

加速度制御を用いて制御を行った場合の3パターンで，35〔s〕のところで0.2〔G〕加速を行い，そのときの車体挙動を比較した。

（b）　走行試験結果および考察

規範タイヤ制御がある場合とない場合で，緩加速を行った場合の旋回半径の広がりを，横加速度と旋回半径比のグラフで図2.27に示す。また，そのときの前輪の駆動力を図2.28，後輪の駆動力を図2.29に示す。

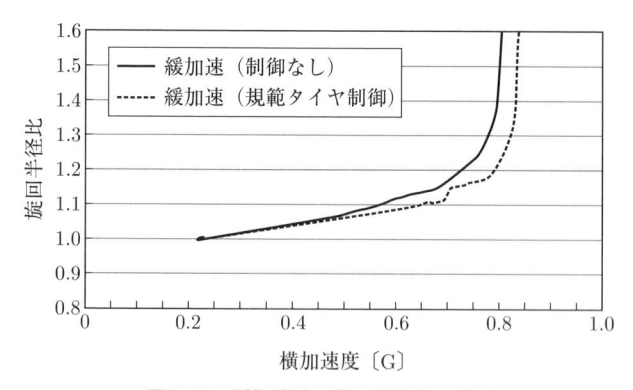

図2.27　緩加速時の旋回半径比の比較

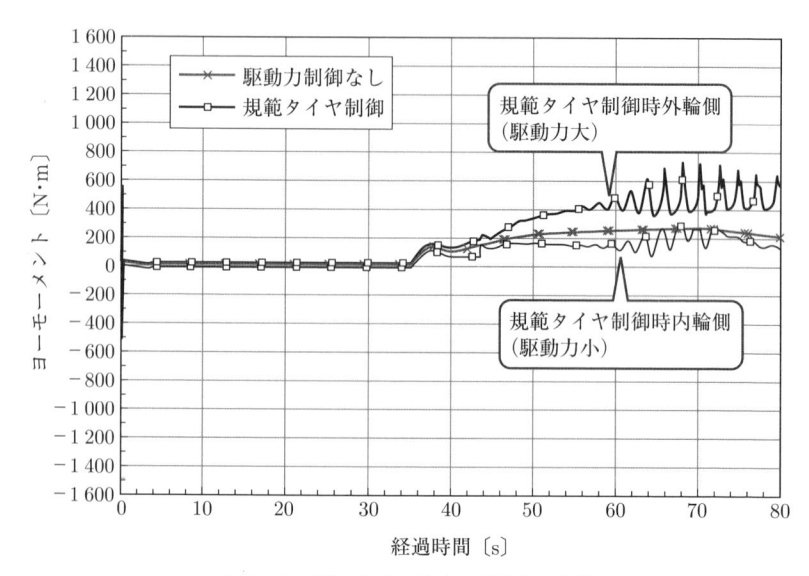

図2.28　緩加速時の前輪の駆動力の比較

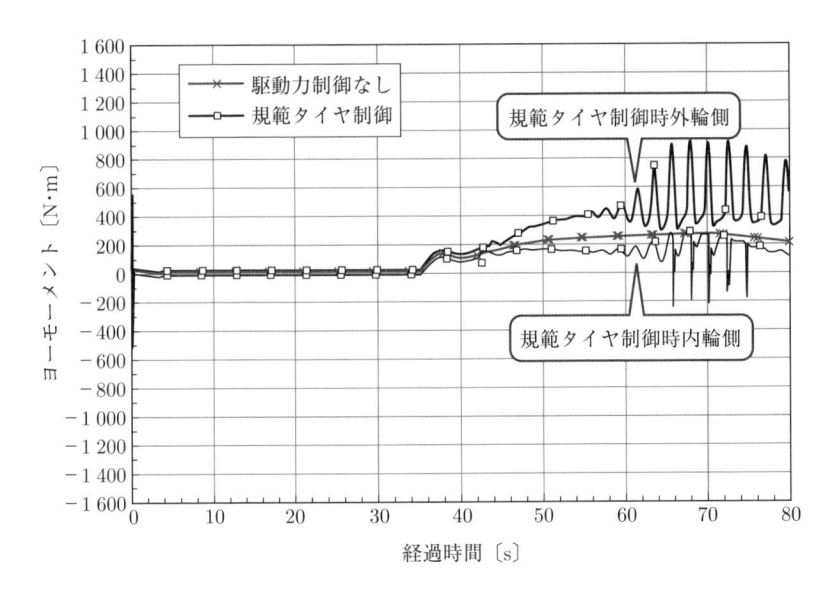

2.3 新しい内外輪制駆動力制御の研究例について

[グラフ: 緩加速時の後輪の駆動力の比較。縦軸ヨーモーメント [N·m]、横軸経過時間 [s]。凡例「駆動力制御なし」「規範タイヤ制御」、注釈「規範タイヤ制御時外輪側」「規範タイヤ制御時内輪側」]

図 2.29 緩加速時の後輪の駆動力の比較

図 2.27 より，旋回半径比が 1.5 になったときのそれぞれの横加速度を見ると，加速度が少なく前後の荷重移動がほとんどない緩加速状態では，駆動力制御を行わなかった場合は横加速度が約 0.8 [G]，規範タイヤにより各タイヤの駆動力を制御した場合には横加速度が約 0.84 [G] となる．その後，旋回半径比が 1.6 になった場合でもその横加速度がほとんど変わっていない．このことから，規範タイヤ制御により，この車両が発揮できる横加速度の限界が 0.04 [G] ほど高まっていることがわかる．この横加速度の違いは，図 2.28，図 2.29 のように規範タイヤ制御によって各タイヤの持つ摩擦円の限界近くまで外輪の駆動力が強まり，内輪の駆動力が弱まったことで，駆動力差によってヨーモーメントが車両の旋回方向に発生し，それにより車両の旋回能力が高まったためと判断できる．

また，図 2.27 の波形を見ると，横加速度 0.2 ～ 0.8 [G] の範囲では，規範タイヤ制御を加えた方が旋回半径比は小さく，緩加速旋回中の旋回半径が広がらないニュートラルステアに近づいていることがわかる．この旋回半径の広がり方の違いは，先ほど述べたように規範タイヤ制御によって車両自体の旋回能力が高まったためと判断できる．

次に，駆動力制御を行わない場合の緩加速時と 0.2〔G〕加速時，規範タイヤ制御を用いた 0.2〔G〕加速時の 3 パターンの旋回半径の広がりを図 2.30 に，駆動力制御を行わない場合の緩加速時と 0.2〔G〕加速時，加速度制御を用いた 0.2〔G〕加速時の 3 パターンの旋回半径の広がりを図 2.31 に示す。

図 2.30，図 2.31 より，横加速度が 0.2 〜 0.65〔G〕の範囲の規範タイヤ制御，加速度制御を加えたときの 0.2〔G〕加速における旋回半径比を比較すると，双方とも制御を行っていない場合の緩加速時の旋回半径比とほぼ同じ値となる。このことから，本来なら制御なしの 0.2〔G〕加速時のように，前後加速度による前後荷重移動で前輪の旋回能力が低下し，それによるステア特性の変化が左右独

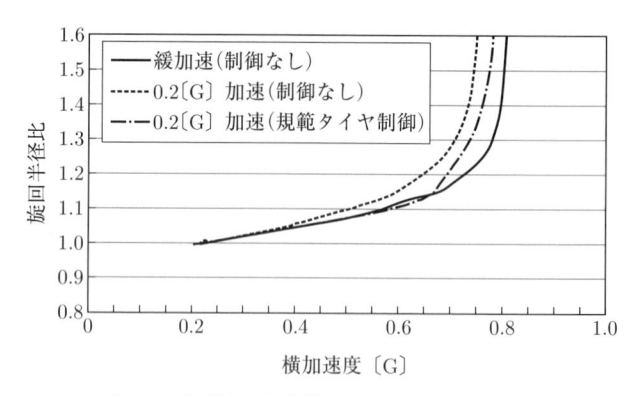

図 2.30　規範タイヤ制御による旋回半径の広がり

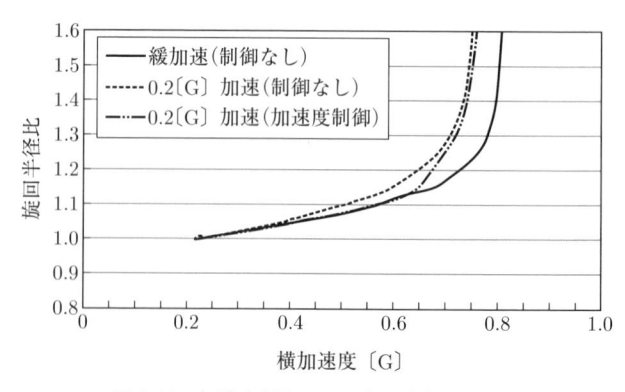

図 2.31　加速度制御による旋回半径の広がり

立制駆動力制御によって抑えられ，加速状態でも緩加速のようなアンダーステア傾向に陥らないステア特性で旋回できたことがわかる．また，限界横加速度について比較すると，図 2.31 の加減速制御よりも図 2.30 の規範タイヤ制御の方が，各タイヤの摩擦円を限界まで使うことができ，それにより限界横加速度が高いことがわかる．

これらをまとめると，加速度制御には加減速によるステア特性変化の軽減効果のみがあり，規範タイヤ制御には加減速によるステア特性変化の軽減効果と限界横加速度の向上効果の両方があることがわかった．この効果の違いは，加速度制御は加減速によるステア特性変化に焦点を当てて制御しているのに対し，規範タイヤ制御はタイヤの性能そのものをより高める制御を行っており，低～高横加速度領域すべてにおいて，車両の旋回能力が高まったためと判断できる．

次に，最も効果がよく見られた 0.2〔G〕加速時の規範タイヤ制御を行った場合と，制御なしでの走行中の各タイヤに加わる駆動力，横力と走行開始から 60〔s〕後の輪荷重と路面摩擦係数から求めた摩擦円を 1 つのグラフに示す．規範タイヤ制御時を図 2.32 ～図 2.35 に，制御なし時を図 2.36 ～図 2.39 に示す．

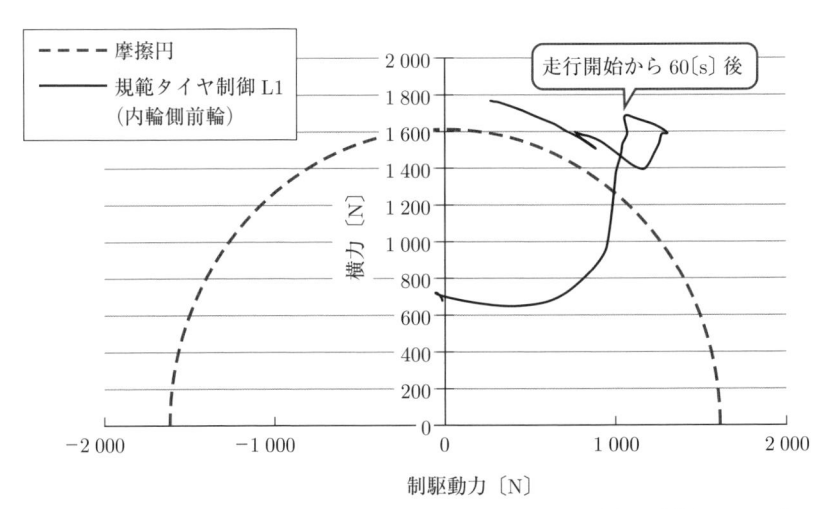

図 2.32　規範タイヤ制御時（0.2〔G〕加速）における L1（内輪側前輪）タイヤ力

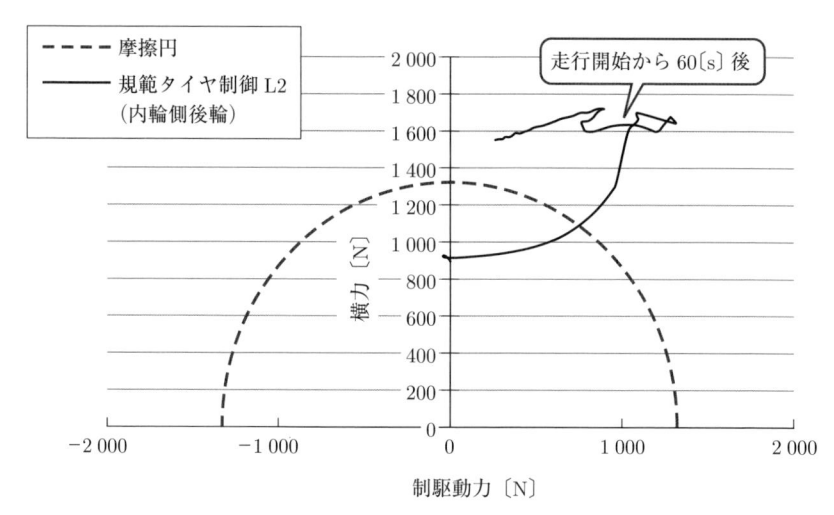

図2.33 規範タイヤ制御時（0.2〔G〕加速）におけるL2（内輪側後輪）タイヤ力

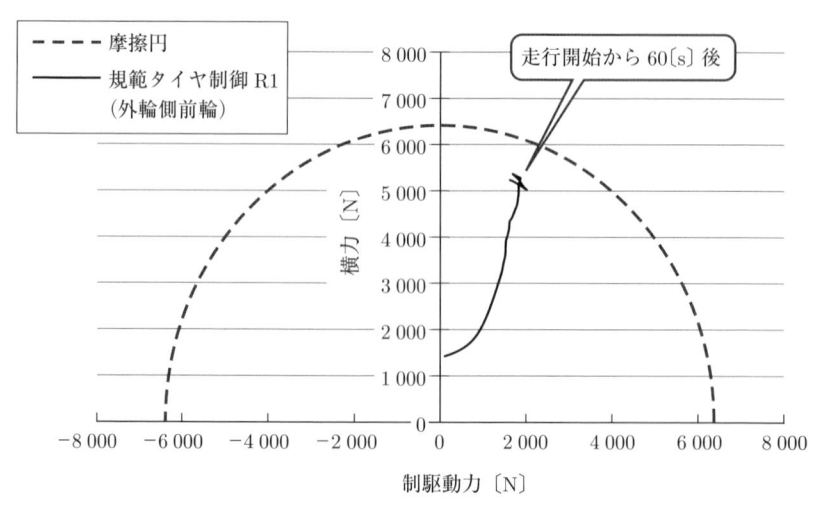

図2.34 規範タイヤ制御時（0.2〔G〕加速）におけるR1（外輪側前輪）タイヤ力

これらより，規範タイヤ制御を行った場合でも行わなかった場合でも，限界走行時の内輪側はタイヤの摩擦円自体も小さく，タイヤ力が摩擦円を超えて滑ってしまっていることから，車両の挙動はほとんどの部分が外輪側のタイヤ力に関係していることがわかる。

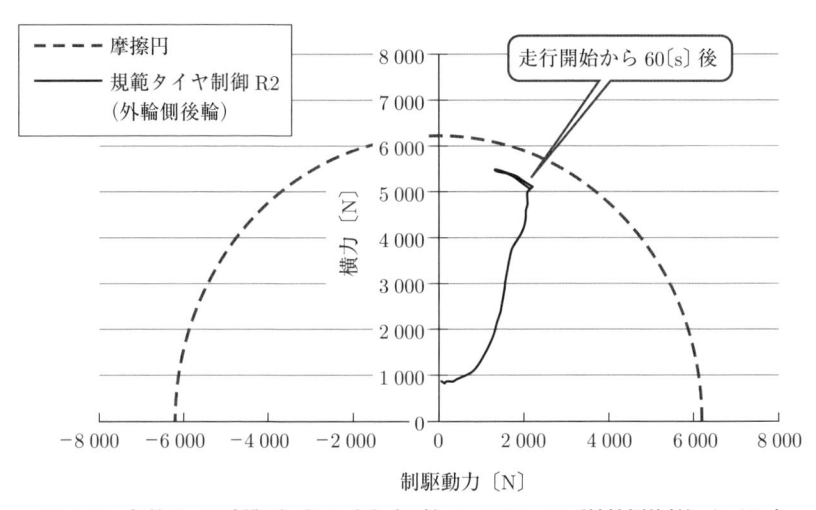

図 2.35 規範タイヤ制御時（0.2〔G〕加速）における R2（外輪側後輪）タイヤ力

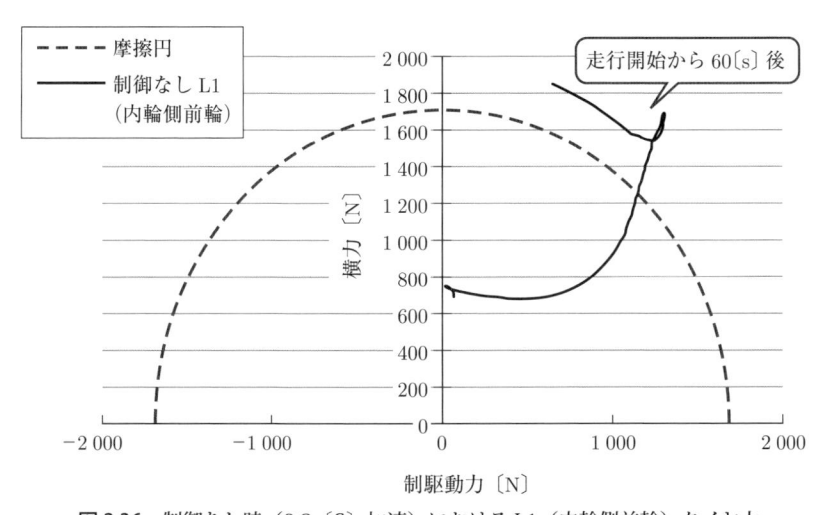

図 2.36 制御なし時（0.2〔G〕加速）における L1（内輪側前輪）タイヤ力

また，その外輪側のタイヤ力と摩擦円の関係としては，走行開始から 60〔s〕経ち車両が限界で加速した時点で比較すると，規範タイヤ制御を行った場合の方がより摩擦円にタイヤ力が近づいているのがわかる．このことをこれまで述べた車両の旋回能力の向上効果と合わせて考えると，規範タイヤ制御はタイヤのグリ

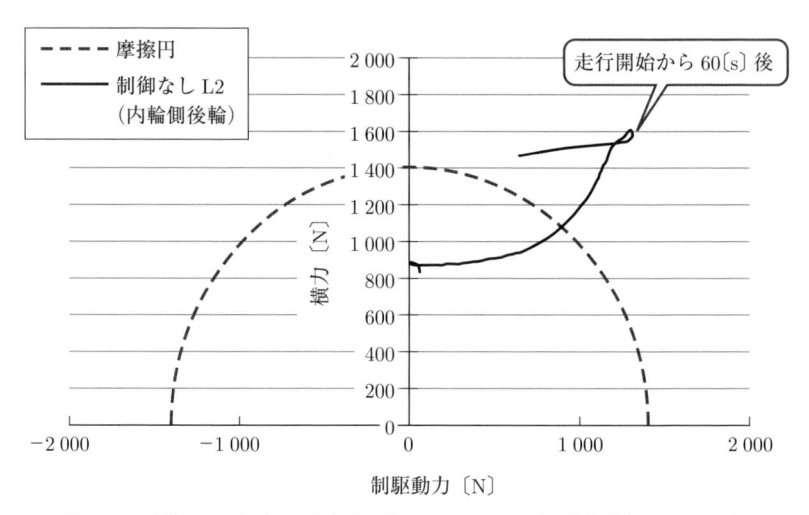

56　第2章　内外輪制駆動力制御について

図2.37 制御なし時（0.2〔G〕加速）におけるL2（内輪側後輪）タイヤ力

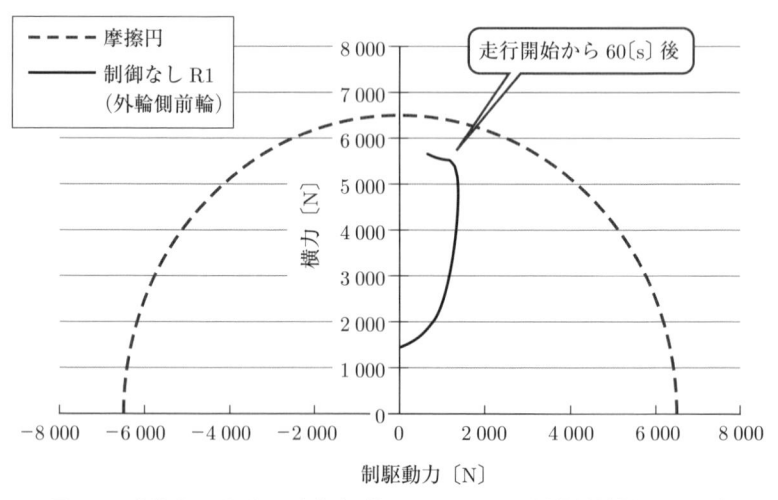

図2.38 制御なし時（0.2〔G〕加速）におけるR1（外輪側前輪）タイヤ力

ップ力をより限界まで使い，車両の旋回性能を向上させているということがわかる。

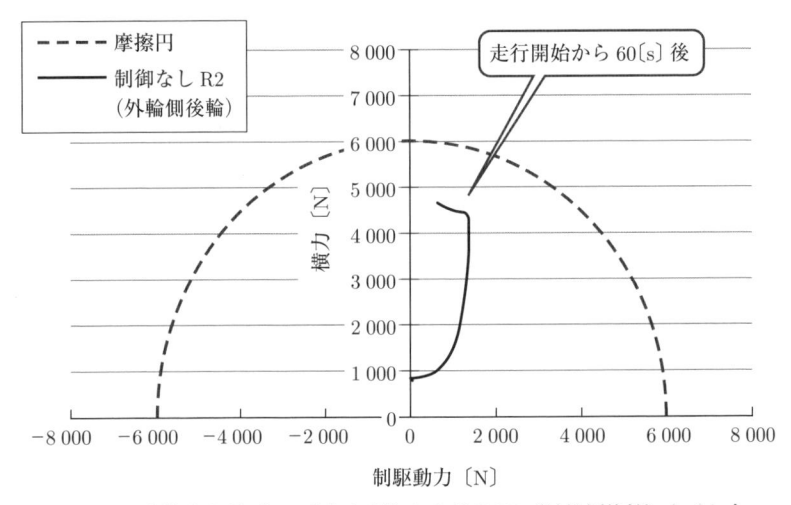

図 2.39　制御なし時（0.2〔G〕加速）における R2（外輪側後輪）タイヤ力

〔6〕 左右独立制駆動力制御を用いた減速円旋回走行試験

(a)　走行試験条件

DS を用いて図 2.40 で示した半径 40〔m〕の円旋回コース（摩擦係数 0.9）を，前輪実舵角固定（6.9〔deg〕），初速 63.9〔km/h〕（横加速度は 0.8〔G〕）で走らせ，35〔s〕のところで 0.2〔G〕の制動を開始する。この条件で，左右独立制駆動力制御を行わない場合，規範タイヤ制御を用いて制御を行った場合，加速度制御を用いて制御を行った場合の 3 パターンで，車体挙動を人の要素が入らないオープンループの条件で比較した。

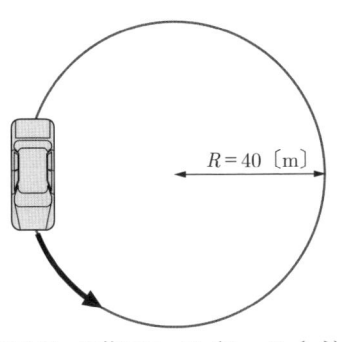

図 2.40　円旋回コース（$R = 40$〔m〕）

58　第2章　内外輪制駆動力制御について

　また，スリップ領域における左右独立制駆動力制御の効果を確認するため，制駆動力制御を行わない場合，車体スリップ角8〔deg〕以上のとき規範タイヤ制御を用いる場合，常に規範タイヤ制御を用いて制御を行った場合の3パターンでも車体挙動を比較した。

（b）　走行試験結果および考察

　制駆動力制御を行わない場合，規範タイヤ制御を用いて制御を行った場合，加速度制御を用いて制御を行った場合の3パターンの旋回軌跡を図2.41に，そのときの車体スリップ角を図2.42に示す。また，そのときの前輪の制駆動力を図2.43，後輪の制駆動力を図2.44に示す。

　図2.41，図2.42より，制御を行っていない場合と規範タイヤ制御，加速度制御を行った場合の，旋回軌跡と車体スリップ角を比較する。駆動制御を行った場合には，走行開始から35〔s〕後の制動後に車体スリップ角は±8〔deg〕に収ま

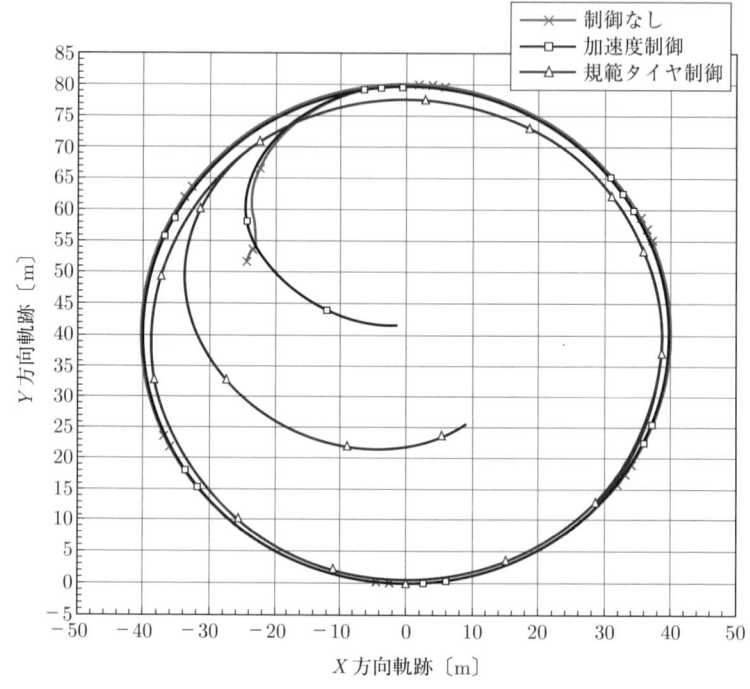

図2.41　旋回軌跡

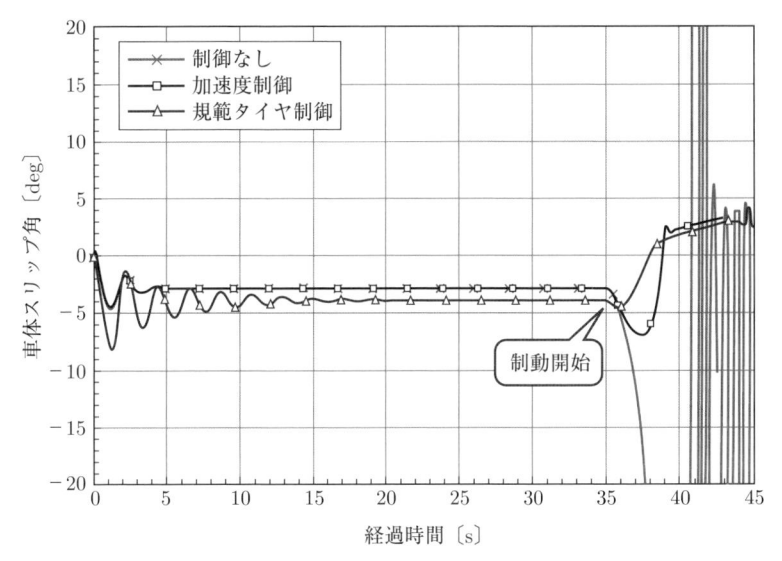

2.3 新しい内外輪制駆動力制御の研究例について　59

図 2.42 車体スリップ角

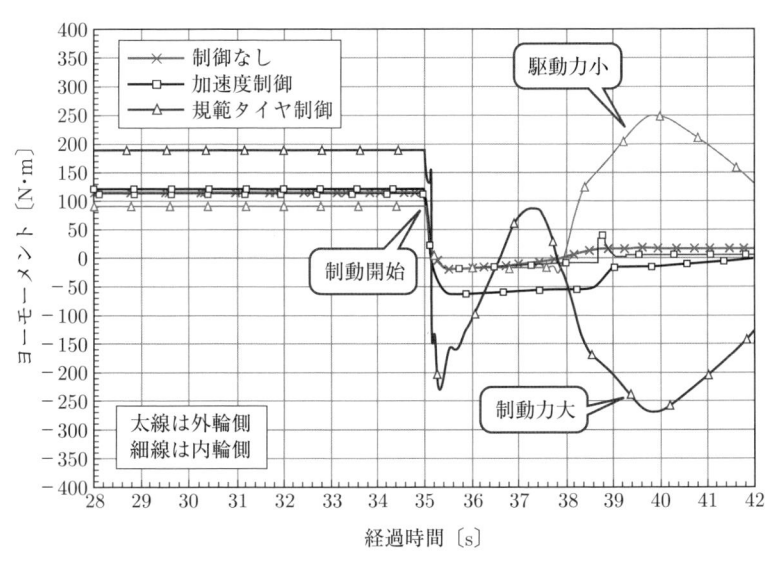

図 2.43 前輪制駆動力

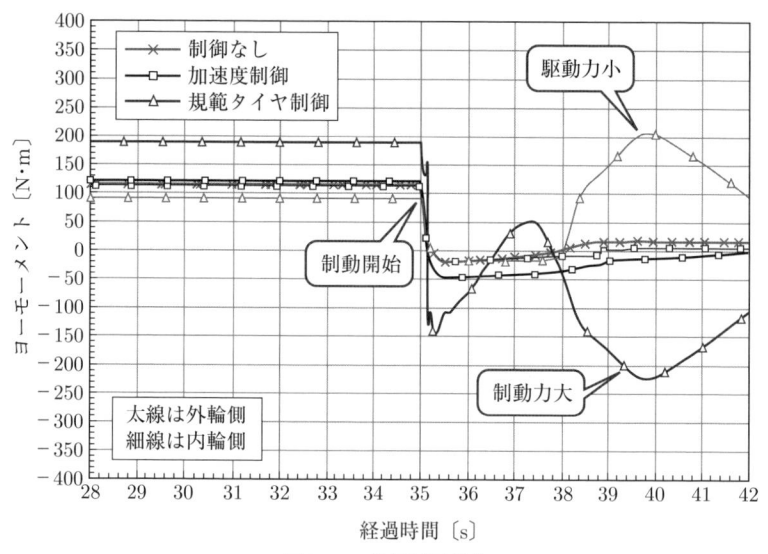

図 2.44 後輪制駆動力

っているのに対し，制御を行わなかった場合には，車体スリップ角がマイナス方向に大きく傾き，また制御なしの旋回軌跡が制動後に旋回中心に巻き込まれるタックイン現象の後，旋回走行から外れて走行していることがわかる。

このことから，左右独立制駆動制御がない場合には，制動後に車体が大きくスピンしたのに対し，制駆動力制御を行った2パターンについてはスピンが抑えられたことがわかる。この制動後の挙動の差は図 2.43, 図 2.44 より，制動開始後に制駆動力制御を行ったことで外輪側の制動力が内輪よりも強くなり，旋回方向とは逆回転のヨーモーメントが車体に働き，本来なら制動による荷重移動で後輪の旋回能力が低下し，後輪が旋回方向外側に滑り出すことで発生するスピンが抑えられたためだと考えられる。

また，図 2.42 について，規範タイヤ制御をした場合と加速度制御をした場合を比較する。規範タイヤ制御の場合，制動後の車体スリップ角は ±5〔deg〕に収まっているのに対し，加速度制御の場合，車体スリップ角は ±8〔deg〕まで大きくなっている。図 2.41 の旋回挙動からも，規範タイヤ制御の方がよりタックイン挙動を抑えていることがわかる。このことより，限界横加速度 0.8〔G〕

からの制動時には規範タイヤ制御を用いることが最もタックイン挙動を低減し，操縦性・安定性を高める効果があることがわかった．

次に，制駆動力制御を行わない場合，車体スリップ角8〔deg〕以上のとき規範タイヤ制御を用いる場合，常に規範タイヤ制御を用いて制御を行った場合の，旋回軌跡を図2.45に，車体スリップ角を図2.46に示す．これらより，制駆動力制御を行わない場合と，車体スリップ角8〔deg〕以上のときに規範タイヤ制御を用いる場合を比較すると，車体スリップ角8〔deg〕以上のときに規範タイヤ制御をした場合は，制動後の車体スリップ角はわずかに減少したものの，最終的には車体がスピンを起こし，制御不能な状態になってしまっていることがわかる．

この原因としては，制駆動力制御はあくまでタイヤのグリップ力を限界まで使うことにより，ヨーモーメントを制御し車体の操縦性・安定性を高めているた

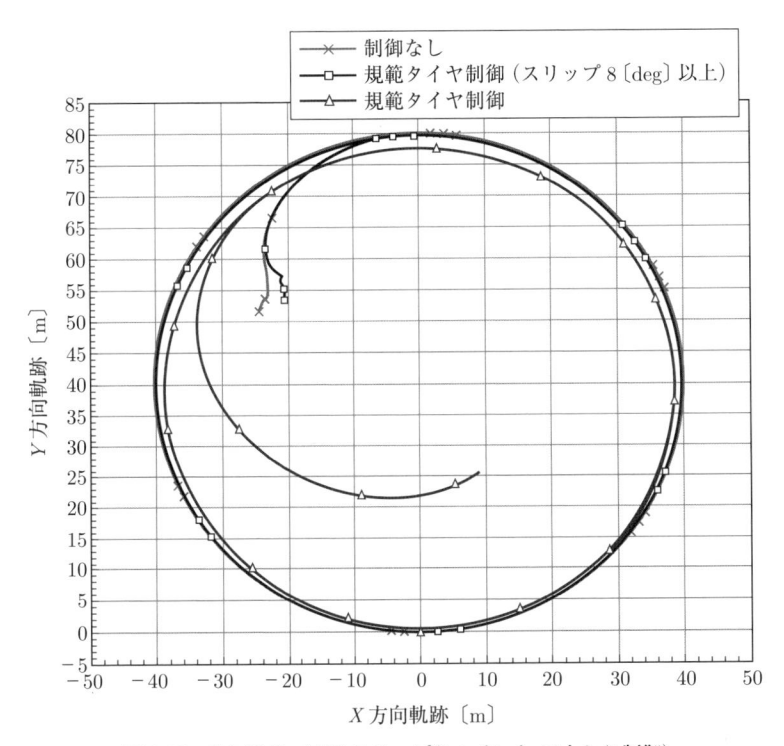

図2.45 旋回軌跡（車体スリップ角8〔deg〕以上から制御）

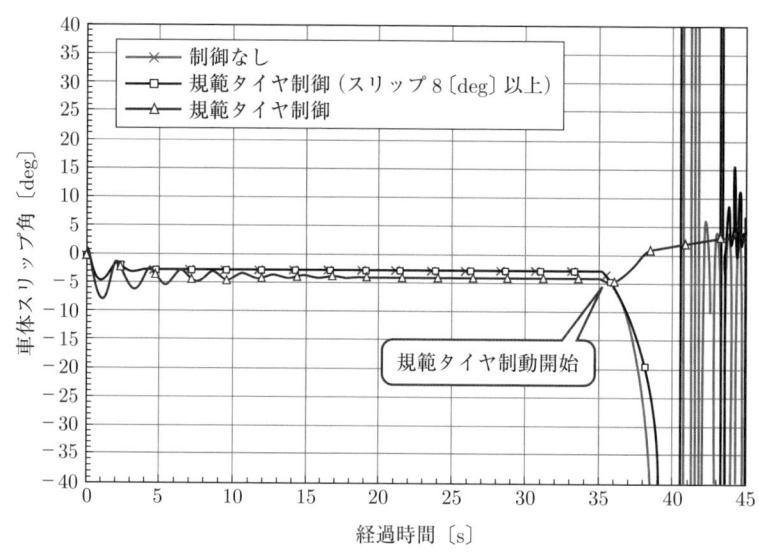

図 2.46 車体スリップ角（車体スリップ角 8〔deg〕以上から制御）

め，タイヤのグリップ力が十分に発揮できないスリップ領域では，制御効果が半減し，後輪の横滑りを抑えることができなかったと判断できる．このことから，左右独立制駆動力制御は，タイヤが横滑りしないグリップ領域で特に効果があるとわかった．

第3章

キャンバ角制御について

　本章においては，限界コーナリングに影響の大きいキャンバ角を制御する例について，筆者の研究例を紹介する。

3.1　キャンバ角制御が最大コーナリングフォース特性に及ぼす影響

　図 3.1 に，実走行時のキャンバ角に対するタイヤ横力特性の計測結果を示す。これは，旋回時の外輪の横力を示すが，コーナリング限界付近の大スリップ角領域においても，ネガティブキャンバ角により，横力が増加していることがわかる。
　したがって，旋回限界横加速度の向上の面では，4 輪のキャンバ角制御が有効と考えられる。第 4 章の前輪のステア方向の制御に，この 4 輪のキャンバ角方向の制御が加わることで，トータルの車輪の姿勢角がより望ましく制御されることになると判断できる。
　図 3.2 は，モーターサイクル用のタイヤにて，キャンバ角を大きく変化させたときのタイヤサイドフォース特性（Magic Formula による計算値）を示している。ハンドル角に応じて前輪のキャンバ角をネガティブキャンバ方向に変化させるようにすると，限界コーナリングフォースを高める方向に作用させることができる（図 3.2 で，コーナリング限界付近のスリップ角 10〔deg〕付近においても，キャンバ角の効果は大きいことがわかる）。したがって，モーターサイクル用のタイヤのような比較的丸い形状のタイヤとの適合により，操舵角に比例したネガティブキャンバ角制御を行うことにより，コーナリング限界性能を飛躍的に向上させることができると判断できる。

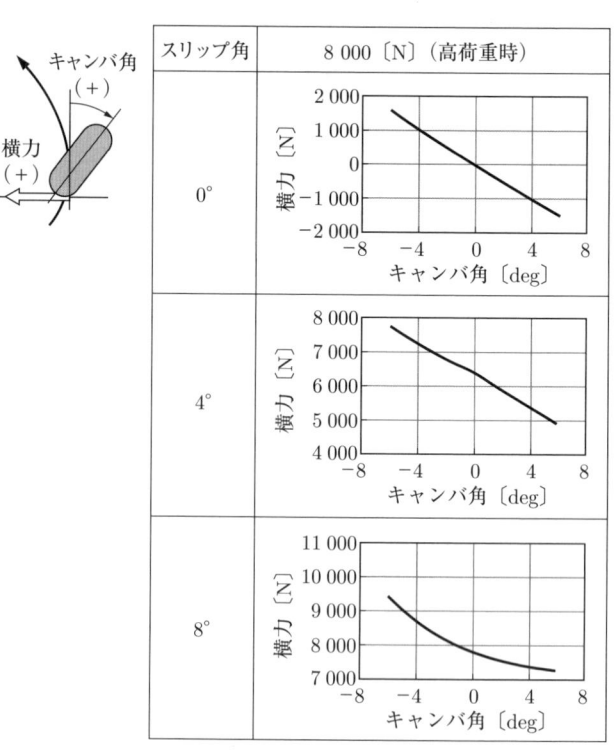

図 3.1 キャンバ角に対するタイヤの横力特性（実験値）[4]

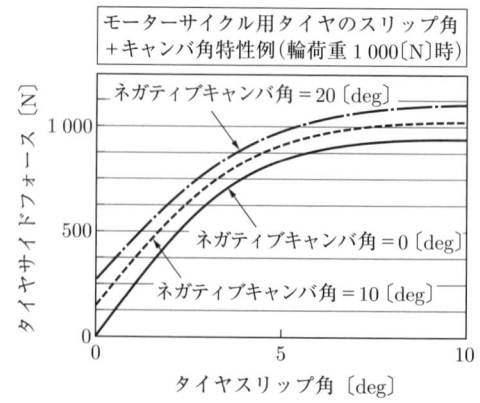

図 3.2 ネガティブキャンバ角による最大コーナリングフォースの増加
（Magic Formula による計算値）

3.2 4輪アクティブキャンバコントロール

　キャンバ角とは，車両を正面から見たときのタイヤの倒れ角度を表す数値である．また，車両正面からタイヤを見たときに，図 3.3 に示すようにタイヤの下部が車両内側方向に傾いている状態をポジティブキャンバといい，この状態ではタイヤの外側が偏摩耗する．それとは逆方向に車両正面からタイヤを見たときに，図 3.4 に示すようにタイヤの下部が車両外側方向に出るように傾いている状態をネガティブキャンバといい，この状態ではタイヤの内側が偏摩耗する．

　車両が旋回を行っているとき，タイヤはコーナリングフォースが生じることによりポジティブキャンバ傾向になる．ポジティブキャンバになってしまうと，タイヤの接地性の悪化と，旋回方向と逆方向に働くキャンバスラストにより，コー

図 3.3　ポジティブキャンバ

図 3.4　ネガティブキャンバ

ナリングフォースが低下し，旋回能力の低下が起こる．そのため，フォーミュラカーやスポーツカー等で速度を出した状態での運動性能が要求される車では，ダブルウィッシュボーン式サスペンション等を用いて，通常状態から若干ネガティブキャンバに傾けて設定することが多い．通常時からネガティブキャンバに傾けて設定することで，コーナリング時における外側タイヤの対地キャンバ角をゼロ近くにすることができ，タイヤの接地性が向上し，コーナリングフォースを十分に発揮できるようになる．ただし，従来のサスペンションによる通常状態からネガティブ方向に傾ける方式では，コーナリング性能の向上のためキャンバスラストが発生するような大ネガティブキャンバ角を付けると，直進状態におけるタイヤの接地性の低下を招くため，あまり大きくキャンバ角を付けることはできない．そのため，従来の車両では，コーナリング時において対地キャンバ角をゼロにすることが理想となっていた．

しかし，今回用いた模型車両のように，キャンバ角を電子制御により自由に制御できる機構を加えることで，図 3.5 に示した 4 輪アクティブキャンバコントロールのように，コーナリング時に 4 輪すべてにおいて対地キャンバ角を自由に付けることができる．このため，直進時における対地キャンバ角の問題を考慮せずに，旋回時に自由にキャンバスラストを発生させ，コーナリング時における車両安定性を高めることができる．

キャンバスラストとは，タイヤにキャンバ角 ϕ を付けた状態で直進しようとしたとき，図 3.6 に示すような円錐 APO が O を中心にして描かれる円弧 BB$'$ の

図 3.5　4 輪アクティブキャンバ

ようなカーブを描いて進もうとするとき発生する横力である。キャンバ角を付けた状態で一定車速 V, 車体スリップ角 $\beta = 0$ で走行したとき，タイヤを底面から見ると地面とタイヤ間の摩擦係数 $\mu = 0$ の場合，タイヤ接地面中心の軌跡は図 3.7(a) のような曲線を描く。しかし，摩擦係数 $\mu \neq 0$ のときタイヤの接地中心が引きずられ，図 (b) のようにタイヤにたわみが発生し，そのたわみに対する復

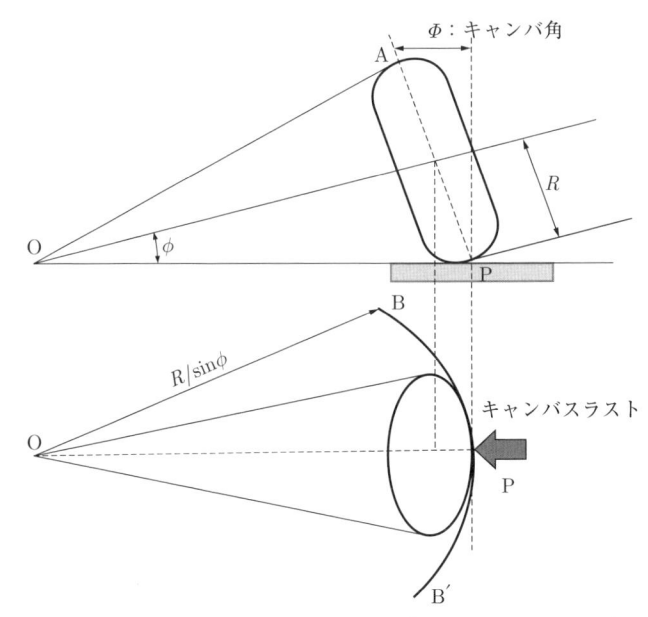

図 3.6 キャンバ角を有するタイヤの円旋回とキャンバスラスト

(a) $\mu = 0$ の場合　　(b) $\mu \neq 0$ の場合

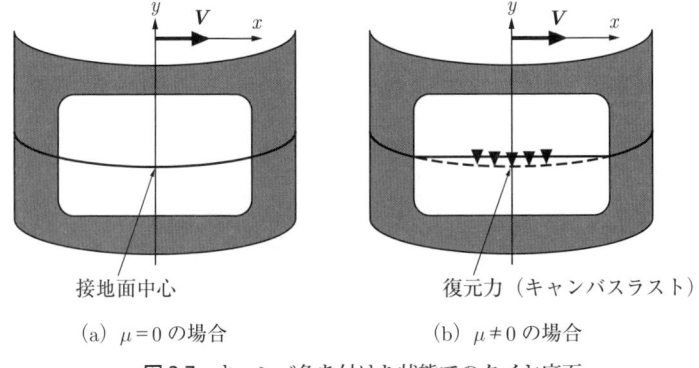

図 3.7 キャンバ角を付けた状態でのタイヤ底面

元横力がキャンバスラストになる。

3.3 キャンバ角制御によるコーナリング限界の向上

3.3.1 遠隔操作式の模型車両による実験

図 3.8 に示す遠隔操作式の模型車両により，操舵角比例方式キャンバ角制御（±20〔deg〕）の実験を行い，次の結果を得た。

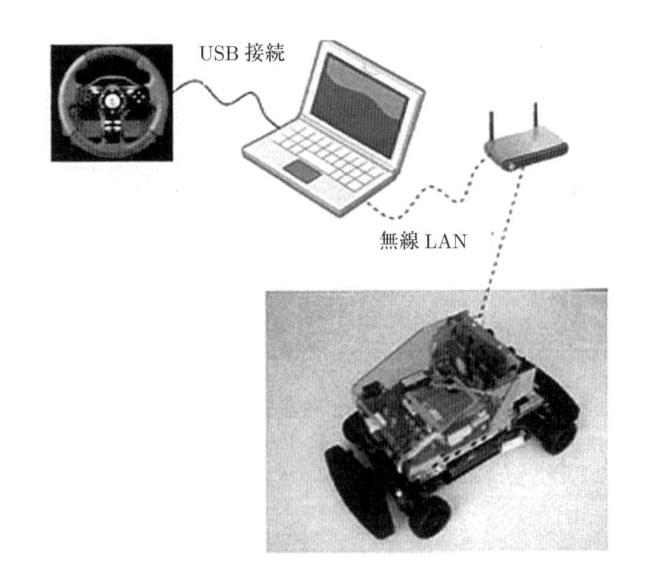

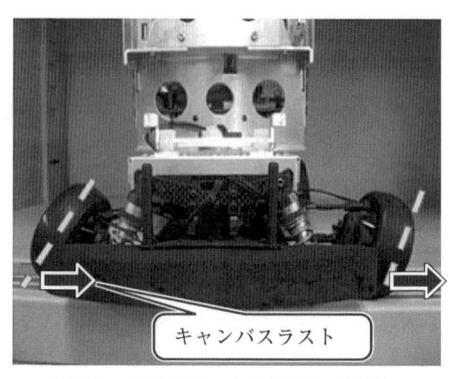

図 3.8 遠隔操作による模型車両実験

3.3 キャンバ角制御によるコーナリング限界の向上

- コーナリング限界横加速度において，0.1〜0.2〔G〕の向上が確認でき，コーナリング限界における，舵の効きと安定性がともに向上することが確認できた．
- 同様の内容は，第 2 章に示したドライビングシミュレータによる実験でも，同様の傾向であることがわかった．

具体的には，実験は，遠隔操作による模型車両を用いて，キャンバコントロールの有無の比較を，円旋回コースとダブルレーンチェンジコースにて行った（図 3.9 参照）．通過可能車速は，横加速度の変化と関連させて比較した．

円旋回コースにおける走行実験結果の代表的結果を，図 3.10 に示す．キャンバコントロールを行った場合は行っていない場合に比べて，横加速度は約 0.10〜0.15〔G〕程度向上していることがわかった．また，キャンバコントロールを行った場合は車速が 2.3〔m/s〕となり，キャンバコントロールを行わなかった場合は 2.1〔m/s〕となり，コーナリング時の通過可能車速が向上した．

次に，ダブルレーンチェンジにおける走行実験結果の代表的結果を，図 3.11 に示す．キャンバコントロールを行った車両は行っていない車両に比べて，横加速度は約 0.1〔G〕程度高い走行が可能となっていることがわかった．また，キャンバコントロールを行った場合の通過車速 2.4〔m/s〕に対して，キャンバコントロールを行っていない場合は 2.1〔m/s〕であり，通過可能車速が向上した．

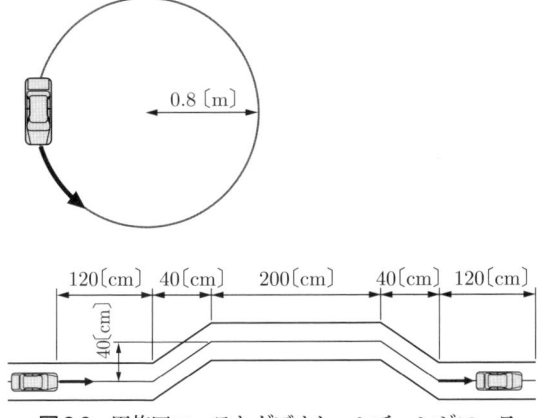

図 3.9 円旋回コースとダブルレーンチェンジコース

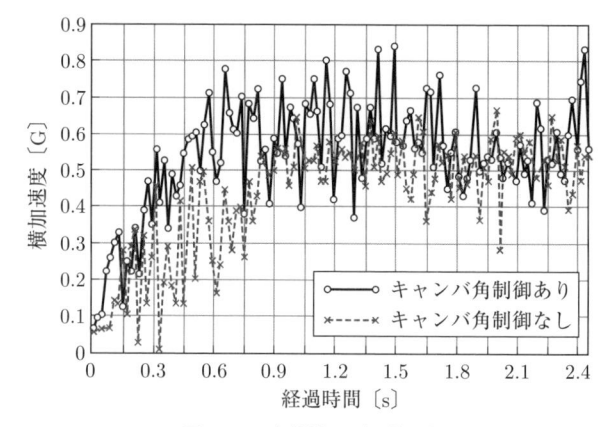

図 3.10　実験結果（円旋回）

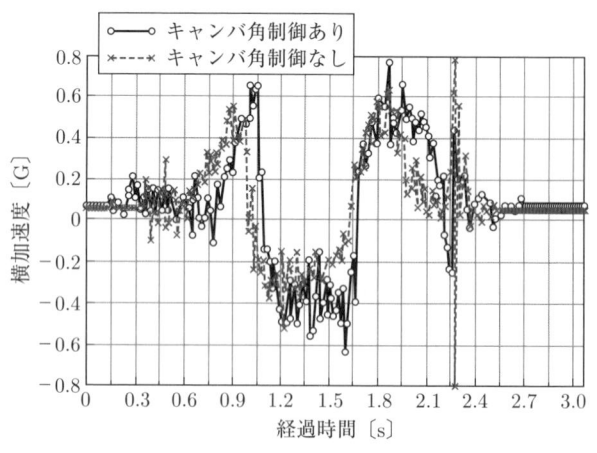

図 3.11　実験結果（ダブルレーンチェンジ）

3.3.2　小型電気自動車を用いた実験

　模型車両による実験に続いて，小型電気自動車を用いて確認実験を行った．図 3.12 に，サスペンションのアッパーアーム長において電動アクチュエータを用いてコントロールするメカニズムを示す．図 3.13 に，製作したハンドル角比例方式アクティブキャンバコントロールシステムを実車の後輪に搭載したようすを示す（キャンバコントロールの稼動範囲は約 $-5 \sim +10$ 〔deg〕である）．

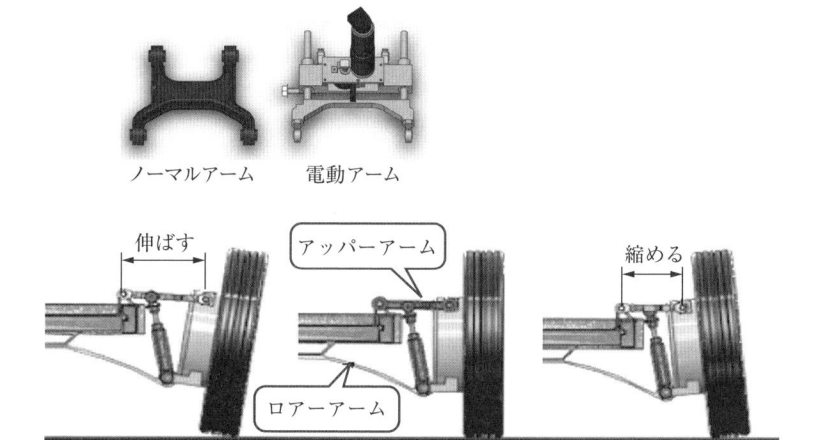

3.3 キャンバ角制御によるコーナリング限界の向上　71

図 3.12　キャンバ角制御メカニズム

図 3.13　アクティブキャンバ角制御システム

　走行実験は，図 3.14 に示すパイロンスラロームコースにおいて，車速 25〔km/h〕にて行った。

　実験結果を図 3.15 に示す。実験結果より，後輪において，キャンバコントロールを行った場合，行わなかった場合（ニュートラルキャンバ）に比べ，最大ヨー角速度が約 8〔deg/s〕低減できており，後輪が横滑りしにくく，グリップ限

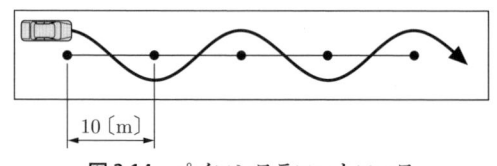

図 3.14 パイロンスラロームコース

(a) キャンバ角制御を行った場合

(b) キャンバ角制御を行わなかった場合

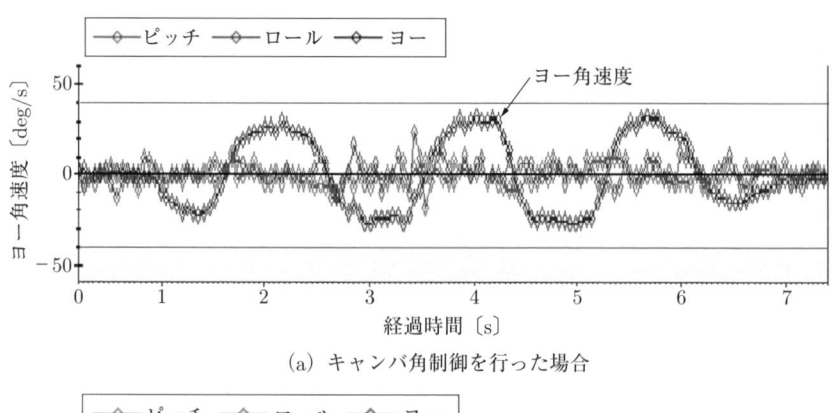

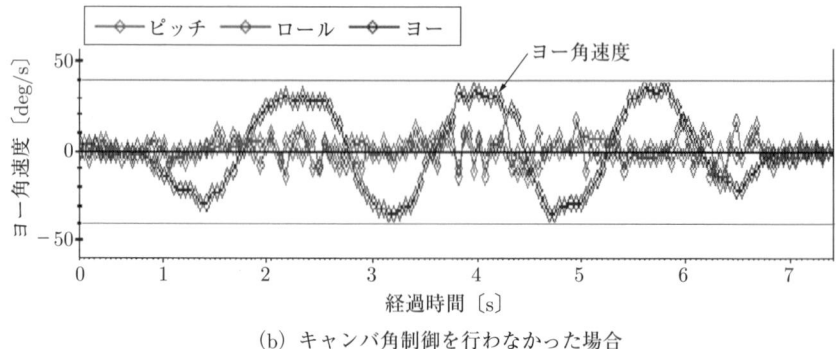

図 3.15 実験結果（パイロンスラローム）

界の高い走行が可能となっていることがわかった。

したがって，3.3.1 項の模型車両において得られた実験結果に，定性的な傾向が対応するような結果が得られた。

すなわち，コーナリング限界コントロール性を高めるためには，キャンバコントロールが非常に有効な手段であることがわかった。

3.4 キャンバ角制御の横滑り制御への適用の研究例

第2章の図2.18～図2.20に示したドライビングシミュレータを用い，キャンバ角制御を横滑り制御へ適用した筆者の研究室の研究例を紹介する[A-12]。制御ロジックは，図3.16にフローチャートで示したように，走行中の車体スリップ角が設定した値を超えた場合に，キャンバ角制御を加えるようにしている。これにより，大きな車体スリップ角領域におけるキャンバ角制御の横滑り抑制効果を検討した。

また，本研究で使用したドライビングシミュレータによる走行試験では，車体スリップ角が設定した値を超えた場合，後輪に対地ネガティブキャンバ角約20 〔deg〕（コーナリングフォース1.2倍相当）が加わるようにしている。

さらに，このとき走行試験で使用したキャンバ角制御のCarSim上のレイアウトを図3.17に，キャンバ角制御用のサブシステムの制御モデルを図3.18に示す。

3.4.1 後輪キャンバ角制御を用いたダブルレーンチェンジ走行
〔1〕 走行試験条件

ドライビングシミュレータを用いて車速150〔km/h〕（一定）で，操舵制御はCarSim内の最適制御モデルを用いて，図3.19に示した走行開始から120〔m〕の時点で左に3.5〔m〕オフセットし，そこから25〔m〕の時点で元のレーンに

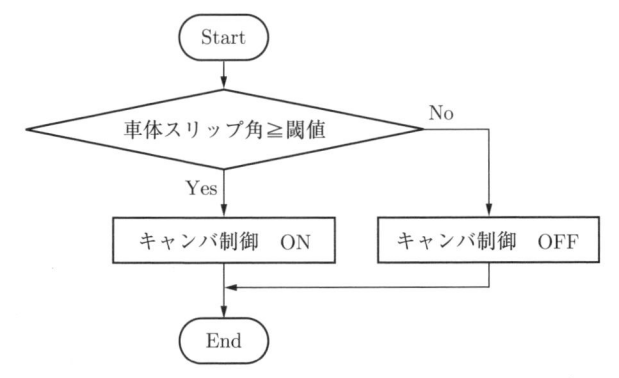

図3.16 車体スリップ角に応じたキャンバ角制御の計算モデル

74　第3章　キャンバ角制御について

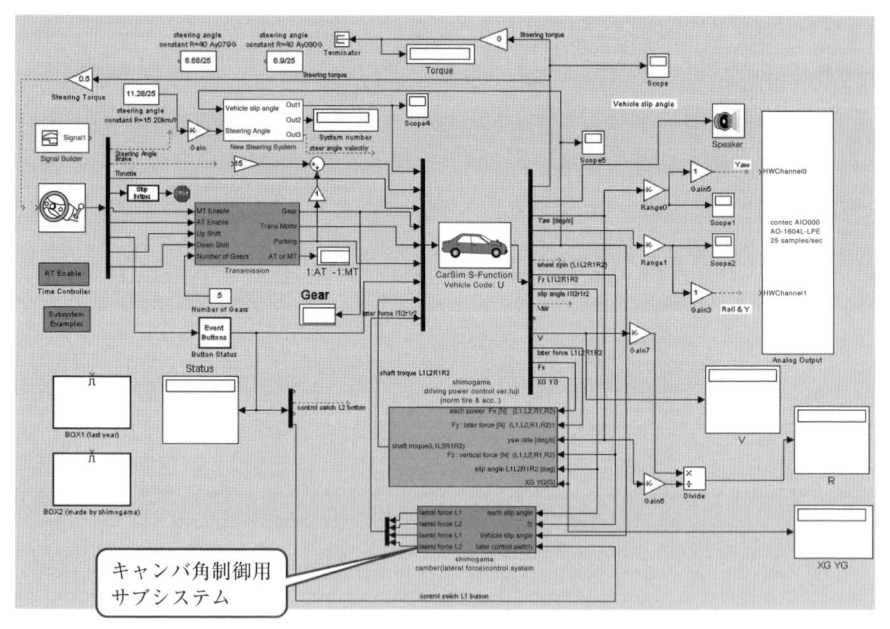

図 3.17　キャンバ角制御の CarSim 上でのレイアウト

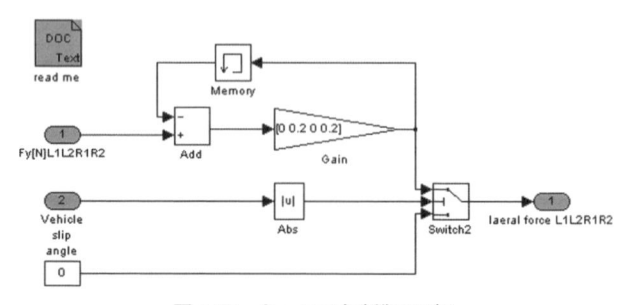

図 3.18　キャンバ角制御モデル

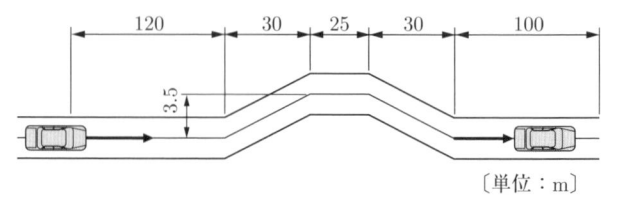

図 3.19　ダブルレーンチェンジコース

戻るダブルレーンチェンジのコースに設定した。この条件において，キャンバ角制御を行わない場合，車体スリップ角が 8〔deg〕を超えたときに後輪にキャンバ角制御を加える場合，車体スリップ角が 6〔deg〕を超えたときに後輪にキャンバ角制御を加える場合の 3 パターンで走行する。走行軌跡と車体スリップ角，ヨーレイトよりドリフト領域における操縦性・安定性の向上効果について，試験者違いによる要素が入らないように，ドライバーの操舵モデルを組み込んだクローズドループの条件のもとで比較検討した。

また，キャンバ角制御を行う 2 パターンでのキャンバ角の角度については，どちらも後輪ネガティブキャンバ角約 20〔deg〕（コーナリングフォース 1.2 倍相当）としている。

〔2〕 走行試験結果および考察

キャンバ角制御を行わない場合，車体スリップ角が 8〔deg〕を超えたときに後輪にキャンバ角制御を加える場合，車体スリップ角が 6〔deg〕を超えたときに後輪にキャンバ角制御を加える場合の 3 パターンの走行試験から得た走行軌跡を図 3.20 に，走行中の後輪の横力を図 3.21 に示す。

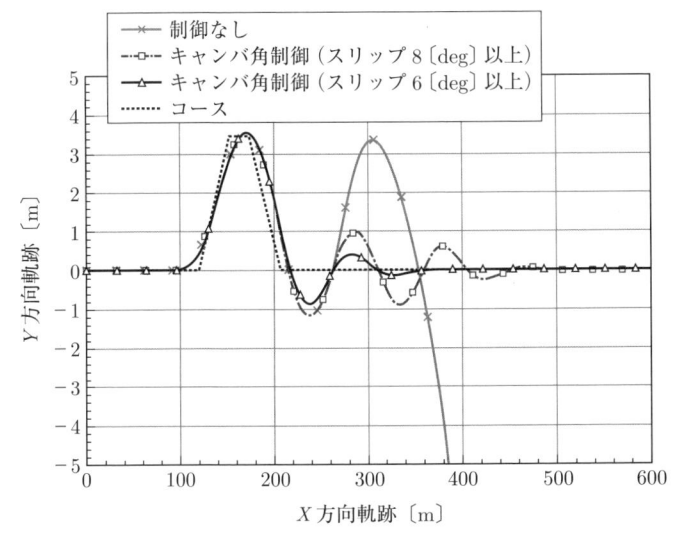

図 3.20 走行軌跡（車体スリップ角 6，8〔deg〕以上から制御）

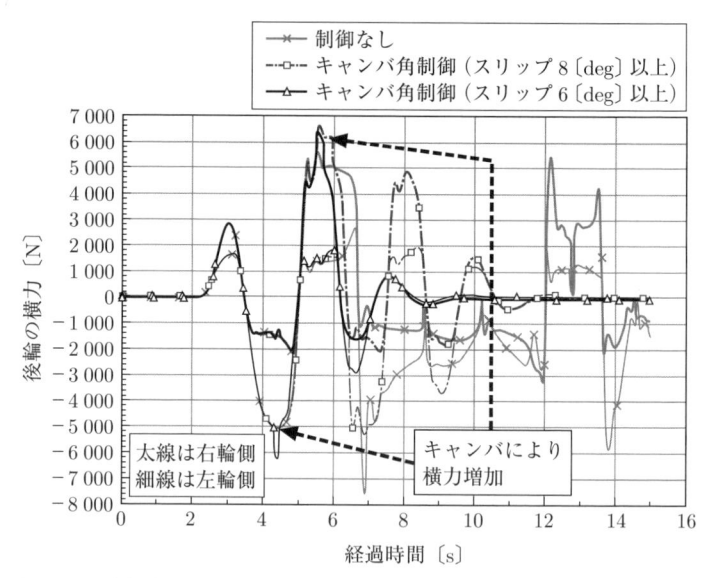

図3.21 走行中の後輪の横力（車体スリップ角6, 8〔deg〕以上から制御）

　図3.20より各パターンを比較すると，キャンバ角制御を行わなかった場合は，レーンチェンジ後に直線コースに戻ることはなく，そのままコースを大きく外れてしまった．しかし，後輪のキャンバ角制御を行った2パターンにおいては，最終的には元の直線コースに戻り，ダブルレーンチェンジ走行が成功したことがわかる．この挙動の差は，図3.21に示した後輪の横力より考えると，ダブルレーンチェンジ走行によって本来なら車体後部が振られ，それに耐え切れず後輪が滑ることで横滑りを起し，操作不能となってしまう車両が，車体スリップ角6〔deg〕以上で後輪にキャンバ角制御を加えた場合は，走行開始から約4.5〔s〕の時点で，車体スリップ角8〔deg〕以上で後輪にキャンバ角制御を加えた場合は，走行開始から約5.5〔s〕の時点で，後輪に対地ネガティブキャンバが加わり，それによって後輪の発揮できる横力が増加し，後輪が滑らず操作不能状態に陥らなかったと考えられる．

　次に，時間に対する走行中の車体スリップ角を図3.22に示す．これより，キャンバ角制御を行った2パターンの走行中の車体スリップ角を比較すると，車体スリップ角8〔deg〕を超えたところからキャンバ角制御を行った場合には車体

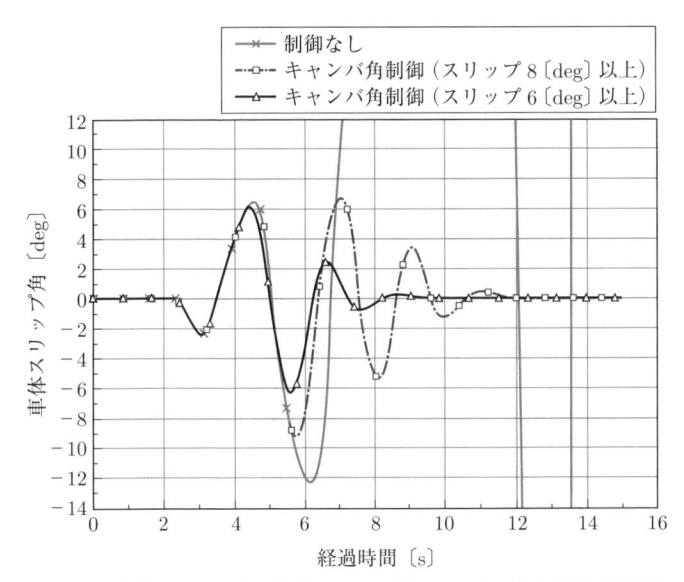

3.4 キャンバ角制御の横滑り制御への適用の研究例

図3.22 車体スリップ角（車体スリップ角6，8〔deg〕以上から制御）

スリップ角の最大絶対量は約9.4〔deg〕で制御開始，車体スリップ角からの超過量は約1.4〔deg〕，車体スリップ角6〔deg〕を超えたところからキャンバ角制御を行った場合には最大絶対量は約6.5〔deg〕となり超過量は約0.5〔deg〕となった．このことから，車体スリップ角によるキャンバ角制御では，車体スリップ角限界手前のあまり大きくない車体スリップ角以上でキャンバ角制御を行ったときの方が，車両の横滑りを抑える効果は高いということがわかる．

また，時間に対する走行中のヨーレイトを図3.23に示す．これよりキャンバ角制御を行った2パターンのダブルレーンチェンジ後ヨー角速度が0に収束し，直線に戻るまでの時間を比較すると，車体スリップ角8〔deg〕を超えたところからキャンバ角制御を行った場合は直線に戻ったのは約11〔s〕後に対し，車体スリップ角6〔deg〕を超えたところからキャンバ角制御を行った場合は直線に戻ったのは約8〔s〕後であることがわかる．

この車両が安定するまでの時間の差を，図3.22の車体スリップ角が増加しすぎる前にキャンバ角制御を開始した方が横滑りを抑える効果は高いことと合わせて考えると，車体スリップ角が大きくなる前に後輪に対地ネガティブキャンバを

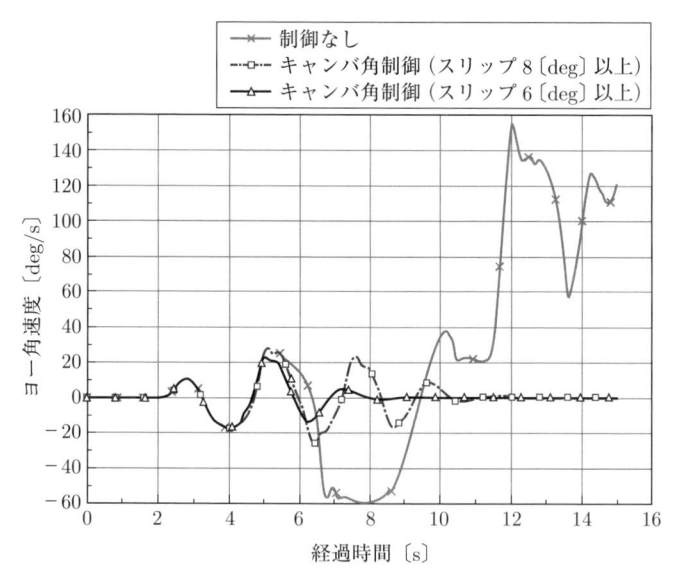

図 3.23 ヨー角速度（車体スリップ角 6，8〔deg〕以上から制御）

加える制御を行うことで，ダブルレーンチェンジ走行により車両の後部が振られ，それに耐え切れず後輪が滑ることで発生する車体スリップ角の急増を未然に防ぎ，車両の操舵に対する追従性が高まったため，ヨー角速度の収束は早くなっていることがわかる。

3.5 大キャンバ角制御車両の製作および実験例について [A-10), A-11)]

大キャンバコントロール車両の足回りユニットには，キャンバコントロール用にダブルウィッシュボーン式サスペンションのアッパーアームを伸縮させる機構を搭載している。アクチュエータにはボールねじ機構を使用し，シンプルな機構を設計した。アッパーアームの車体側マウント部分にはリニアレールに固定されていて 100〔mm〕のスライドが可能となっている。DC モーターはタイミングベルトを使用して減速した後，ボールねじをドライブしている。また，センサーはポテンショメーターを使用し，マイコンで 0.1〔mm〕の分解能で制御が可能である。サスペンションユニットを図 3.24 に示し，キャンバコントロール機構部

3.5 大キャンバ角制御車両の製作および実験例について　79

の拡大図を図 3.25 に示す。

車体正面から見たポジティブキャンバ時とネガティブキャンバ時のアッパーアームの伸縮を図 3.26 と図 3.27 に示す。

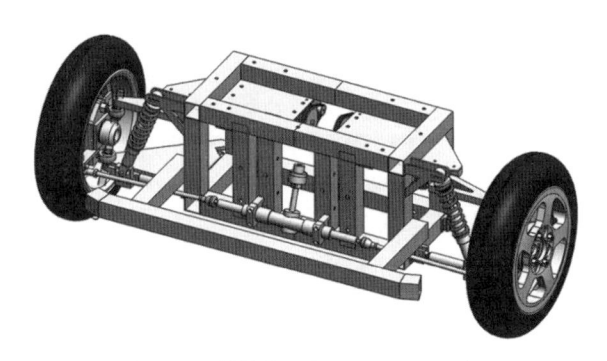

図 3.24　前輪サスペンションユニット

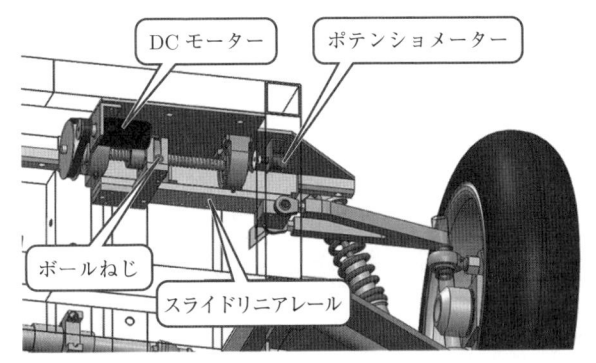

図 3.25　キャンバコントロール機構の拡大図（右前輪）

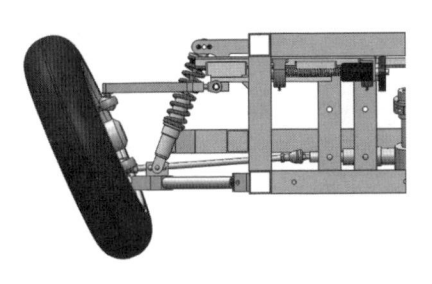

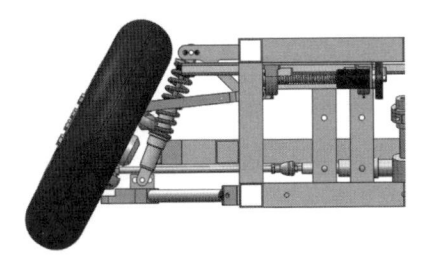

図 3.26　ポジティブキャンバ 20〔deg〕　　図 3.27　ネガティブキャンバ 20〔deg〕

図 3.28 は，実車に装備した状態を示す。

図 3.29 は，左右に操舵したときの 4 輪のキャンバ角変化のようすを示す。

図 3.28 製作したオリジナル小型電気自動車（キャンバ角制御搭載）

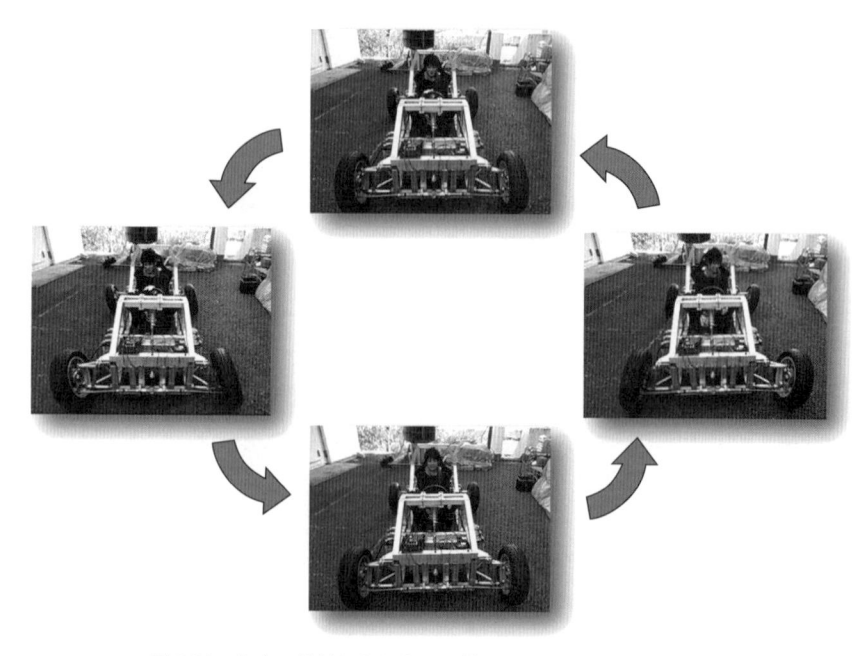

図 3.29 左右に操舵したときの 4 輪のキャンバ角変化のようす

3.5 大キャンバ角制御車両の製作および実験例について

〔1〕 スラローム試験によるフィーリング評価

図 3.30 に示す間隔 9〔m〕× 6 のパイロンスラロームコースにて，ドライバーによるフィーリング評価を行った。操舵角比例方式・キャンバ角制御ありとなしの 2 パターンで比較を行った。実験のようすを図 3.31 に示す。

ドライバーによるフィーリング評価の結果，操舵角比例方式・キャンバ角制御を行うことで，前輪では舵の効きが向上することを確認できた。後輪では，キャンバ角制御により車両の横滑りが低減したことを確認できた。

図 3.30 パイロンスラロームコース

図 3.31 スラローム試験

第4章

ステアバイワイヤについて

　本章においては，ステアバイワイヤ等の電気信号による新しい操舵方式制御の発展が今後期待されているので，その研究例を紹介する。

4.1　ステアバイワイヤについて

　現在実用化されつつある技術として，バイワイヤシステムがある。
　機械的，物理的ではなく，電子的な制御でブレーキやステアリングを制御するシステムを，バイワイヤシステムと呼ぶ。航空機ではすでに実用化されている。ブレーキバイワイヤは，ブレーキペダルの踏力を直接油圧で伝えるのではなく，踏力をセンサーで検出し，4輪のブレーキを独立制御する。また，アクセルバイワイヤやステアバイワイヤ等は，運転者の動作で直接操作するのではなく，間に電子制御システムを介在させる。このほか，ステアリングの動きから運転者の意図を読み取り，電気信号でタイヤを操舵する形式のものも開発されている。
　従来のステアリングシステムは機械的なもので結合されていたため，操舵に対する前輪のステア角や操舵反力等の特性との関係が重要であった。一方，ステアバイワイヤはハンドルと前輪が切り離されているので，前輪のステア角特性と操舵反力特性とは無関係に，意のままに制御できるようになる。
　2014年に国内販売されたニッサン・スカイラインに採用された「ダイレクトアダプティブステアリング」が，ステアバイワイヤとしては初めてとなる。機械的ステアリングに変えてステアバイワイヤを採用することで，応答遅れのないシャープなハンドリング，路面不正によるステアリングの取られや進路乱れのない

安心感等，快適操作フィーリングが得られるようである。

4.2　微分操舵アシストの適用の研究例について

　本節においては，電気自動車時代の新しい操舵方式制御等について取り上げる。

　リチウム電池の小型・高性能化が実現されてきている今日，電気自動車の時代の到来が始まりつつある。また，車輪の中にモーターを搭載した「インホイールモーター」という新しい技術が開発され，電気自動車はコンパクト化が可能となり，新しいモビリティの創出が可能になってきている。例えば，バイクと自動車の中間領域的な1～2人乗りに特化したパーソナルカー等が出現しつつある。そして，車両にセンサー類を多く付け，走行中の事故防止技術により，まさに魚のようにスムーズに，すり抜けられる走りが未来のモビリティとして実現するのではと思われる。

　また，電気自動車の時代の到来とともに，ハンドル角に対する車輪の操舵角の関係も機械的な結合に代わり，電気信号に基づくモーターによる操舵方式である「ステアバイワイヤ」が搭載されつつあり，これを用いると操舵制御の自由度が広がり，操縦安定性のさらなる向上が可能である。また，ステアバイワイヤを用いれば，ハンドル角等の電気信号に基づくさまざまな操舵制御を簡単に組み込むことが可能になる。したがって，ドライバーの思いのままに操れる操舵制御手法等が課題となってくると思われる。

　そこで，筆者は，ステアバイワイヤが実用化され，さまざまな操舵制御を組み込めることが可能になることを念頭に置き，現在，操縦安定性を向上させるための操舵制御についての検討を行っている。そこで，本節では，操縦安定性を向上することを目的に，微分操舵アシストがドリフト走行性能に及ぼす効果についての解析例，そして，微分操舵アシストを用いて，走行シチュエーションに応じた操舵方式制御の構築を行った例[A-7], [A-8], [A-9]を示し，その有効性を紹介する。

4.2.1 微分操舵アシストがドリフト走行性能に及ぼす効果についての解析

　雪の多い地方では，一般ドライバーも頻繁にカウンターステアを当て，「ドリフト走行」を行っているのを見かける．すなわち，ドリフトも，うまく操ると，前輪がグリップ限界を超えてハンドル操作では車両の向きをコントロールできないコーナリング状態でも，後輪を滑らし，テールスライドさせることにより，車両の向きを変えることができ，ねらいのコースどりができるのである．

　また，ドライバーは，意図的ではなくても，緊急回避状態では，後輪がスキッドしてしまい，スピンを回避するため，カウンターステアを必要とするケースが生じることがある．

　そこで，本節では，このドリフト走行性能を向上させるために有効な手法について検討を行った．

　「微分ハンドル」と一般に呼称される，微分項を含んだ操舵系の研究は，平尾によって行われた．これらの研究は，グリップ領域について，その効果を示している．

　一方，グリップ領域において，4輪操舵システム（4WS）は，微分ハンドルより，操縦安定性向上に効果的と考えられており，4輪操舵システムはすでに実用化されている．しかし，4輪操舵システムも，ドリフト領域では効果を発揮することはできない．なぜならば，ドリフト状態では，後輪タイヤコーナリングフォースが飽和状態になっているので，4輪操舵システムによる後輪操舵コントロールでは，コーナリングフォースを高めることができないからである．

　一方，微分操舵アシストは，カウンターステアの遅れを改善できるので，ドリフト領域においては，非常に有効な改善手法と考えられた．

　そこで，次に，車両の運動性能向上手法案として，車両側に，操舵角速度に応じたアシスト的な前輪実舵角を，通常の前輪実舵角に付加したシステムについて，その有効性の検討を行った[A-4]．

4.2.2 車両運動の記述

〔1〕 記号の説明

　ここで，車両モデルで用いる記号と，計算に使用するおもな車両諸元，特性値

を表 4.1 に示す。

表 4.1 車両モデルで用いる記号

記 号	車両諸元	特性値
m	車両質量	1 500 [kg]
I	ヨー慣性モーメント	240 [kgm^2]
l	ホイールベース	2.62 [m]
l_f, l_r	重心〜前・後軸間距離	1.18, 1.44 [m]
N	ステアリングオーバーオールギヤ比	15.4
δ_H	操舵角	
δ_f	前輪実舵角	
r	ヨー角速度（ヨーレイト）	
$\dot{r}$	ヨー角加速度	
β	車体スリップ角	
β_f, β_r	前後輪スリップ角	
V	車速	
F_f, F_r	前後輪コーナリングフォース	
W_f, W_r	前後輪荷重	
$W_{f\text{-}in}$, $W_{f\text{-}out}$, $W_{r\text{-}in}$, $W_{r\text{-}out}$	前後輪の内外輪荷重	
ΔW_f, ΔW_r	前後輪の内外輪の荷重移動量	
μ	路面の摩擦係数	
F_t	タイヤコーナリングフォース	
β_t	タイヤスリップ角	
K_t	タイヤコーナリングパワー	
y_{OL}	目標コースの横変位	
L	前方注視距離	14 [m]
ε	車両の横変位と目標コースのズレ	
k	比例定数	-1.5

〔2〕 運動方程式

運動の解析では，図 4.1 に示される，操縦性・安定性 2 自由度の車両モデルを用いる。

運動方程式は，以下のようになる。

$$mV(\dot{\beta}+r) = F_f + F_r \tag{4.1}$$

$$I\dot{r} = l_f F_f - l_r F_r \tag{4.2}$$

また，解析を容易にするために，左右輪のタイヤスリップ角を等しいと仮定す

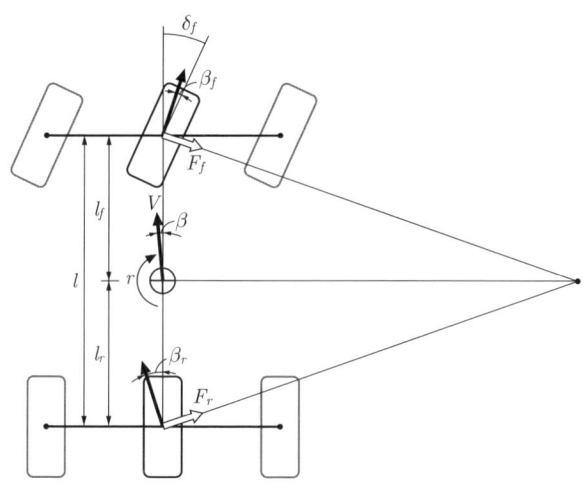

図 4.1 車両モデル（2 輪モデル）

ると，

$$\beta_f = \delta_f - \beta - \frac{l_f r}{V} \tag{4.3}$$

$$\beta_r = -\beta + \frac{l_r r}{V} \tag{4.4}$$

左右輪の上下荷重は，横加速度による荷重移動を考慮すると，

$$\left.\begin{aligned} W_{f\text{-}in} &= \frac{W_f}{2} - \Delta w_f \\ W_{f\text{-}out} &= \frac{W_f}{2} + \Delta w_f \\ W_{r\text{-}in} &= \frac{W_r}{2} - \Delta w_r \\ W_{r\text{-}out} &= \frac{W_r}{2} + \Delta w_r \end{aligned}\right\} \tag{4.5}$$

前後輪のコーナリングフォース特性は，前後輪のスリップ角，および，輪荷重の関数として求めている．

タイヤのコーナリング特性は，Fiala の式を基本にした．最大コーナリングフォースを超えた領域については図 4.2 に示すような設定とした．

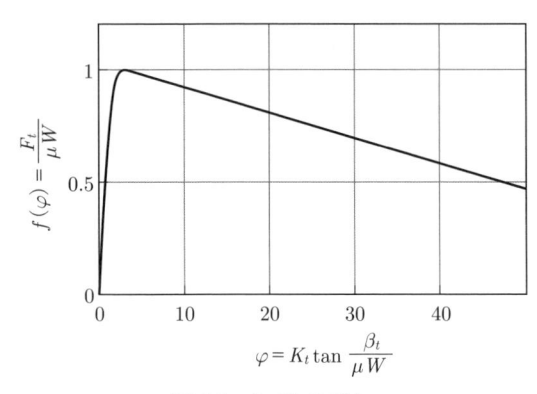

図 4.2 タイヤモデル

$$\left.\begin{aligned}
F_t &= f(\varphi)(\mu W) \\
f(\varphi) &= \varphi - |\varphi|\frac{\varphi}{3} + \frac{\varphi^3}{27} \quad (|\varphi| \leq 3) \\
\varphi &= K_t \tan \frac{\beta_t}{\mu W}
\end{aligned}\right\} \quad (4.6)$$

φ が，3以上においては，以下のように設定した．

$$f(\varphi) = 1 - \frac{1}{87}(|\varphi| - 3) \quad (|\varphi| > 3)$$

すなわち，図 4.2 に示すように，最大値を超えて，減少する特性と仮定した．

なお，μ については，後輪の μ を前輪に比べて低下させ，後輪をドリフトしやすい条件設定にしている．

〔3〕 ドリフトコーナリング時の操舵モデル

コーナリング中に意図的なドリフトアングルを維持して走行を行う，操舵モデルを検討した．

旋回に入るときの，初期のステップ操舵角は，車体のスリップ角 β が 10〔deg〕以内の時点までは，以下の式とした．

$$\begin{aligned}
\delta_f &= k_0 \mathrm{step}(t) \quad (|\beta| \leq 10) \\
(\delta_H &= N\delta_f)
\end{aligned} \quad (4.7)$$

次に，車体スリップ角 β が，10〔deg〕を超えた，ドリフト域に入った場合

の，ドリフトアングルを維持するために車両状態量をフィードバックする，ドリフトコントロール舵角は，式 (4.8) とした．これは，ドリフト領域におけるドリフト角を維持するためのカウンターステア角を示す．すなわち，ドライバーの操舵モデルは，車体のスリップ角と車体スリップ角速度をフィードバックするモデルとした．ドライバーの操舵モデルについては，既発表論文（参考文献 A-2），A-3)) より，引用した．ここでは車体スリップ角速度 $\dot{\beta}$ をフィードバックする予測的な項を除いた．

$$\delta_f = (k_1 + \beta) \times k_2 + \dot{\beta} \times k_3 \quad (|\beta| > 10)$$
$$(\delta_H = N\delta_f) \tag{4.8}$$

k_1：目標ドリフト角を左右する定数

k_2：フィードバック操舵のゲイン定数

$k_3 = 0$

〔4〕 車両の操舵方式（微分操舵アシスト）

車両の操舵方式は，図 4.3 に示すように，通常のステアリングに微分操舵をアシスト的に加える方式とした．すなわち，操舵角速度 $\dot{\delta}_H$ に定数 P を掛けた，アシスト前輪実舵角 $(P \cdot \dot{\delta}_H)$ を，通常のハンドル角 δ_H をギヤ比 N で割って求められる前輪実舵角 $\dfrac{\delta_H}{N}$ にプラスする方式とした．

式で表すと式 (4.9) となる．

$$\delta_f = \frac{\delta_H}{N} + P \cdot \dot{\delta}_H \quad (|\beta| > 10) \tag{4.9}$$

(注) ドリフトコントロール領域における，微分操舵アシストの効果を把握す

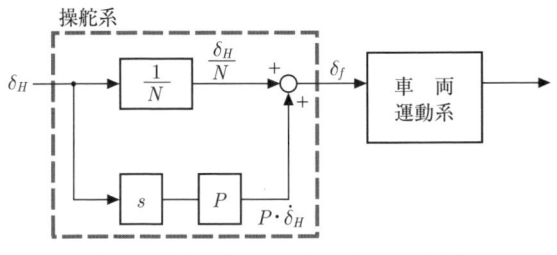

図 4.3 微分操舵アシストのブロック線図

るため，車体スリップ角 β が，10〔deg〕を超えた時点以降において，微分操舵アシストが作用するようにした．

4.2.3 ドリフト走行シミュレーション結果

車両の操舵方式において微分操舵アシスト定数 P の影響について，シミュレーションを行った．

シミュレーションは，ステップ状の操舵を加え，旋回に入り，後輪がスキッドするので，カウンターステアを当て，そのまま，カウンターステアをコントロールして，ドリフトアングルを維持した旋回を行わせている（車速 100〔km/h〕時）．

図4.4 は，微分操舵アシスト定数 P が，0（微分アシストがない場合），0.005，0.007 の 3 ケースの場合において，ドリフトコーナリング中の旋回軌跡を示している．$P=0$ の場合は，スピンに至っているが，他のケースの場合は，ドリフトアングルを維持したコーナリングができていることを示す．

図 4.5 は，$P=0$ の場合において，ドリフトアングルを維持した旋回シミュレーションの結果を示す．最初の 1〔s〕くらいは，操舵角約 100〔deg〕のステップ操舵が行われている状態で，その後，操舵角を負にカウンターステアを当て，当て過ぎてカウンターステアを戻し，そして，戻しすぎて，カウンターステアを

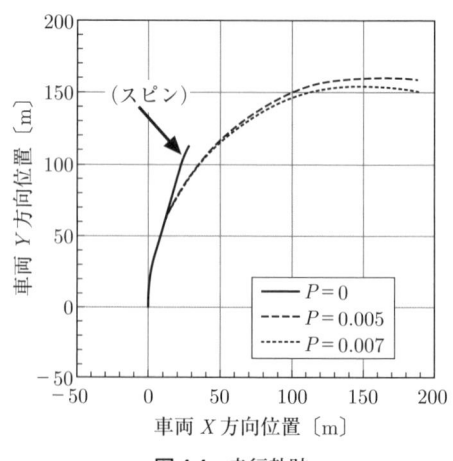

図 4.4 走行軌跡

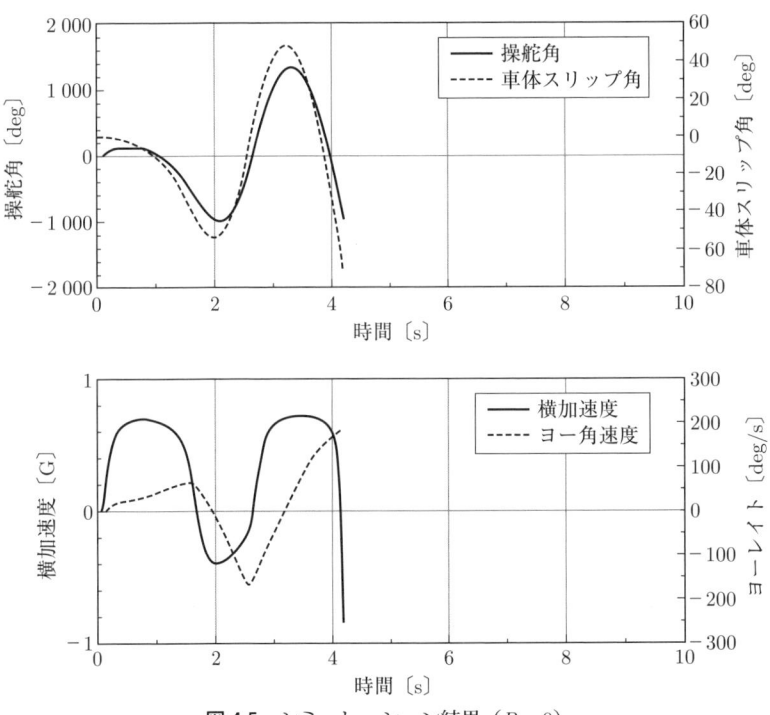

図 4.5 シミュレーション結果（$P = 0$）

当て，発散傾向の後にスピンに至った状態を示す。また，そのときの車体スリップ角，旋回横加速度，ヨーレイト（ヨー角速度）の状態も示している。

一方，図 4.6，図 4.7 は，微分操舵アシストを加えた場合について示している。図 4.6 は，$P = 0.005$ の場合を示す。簡単にスピンはせず，カウンターの当て，戻しが，ほぼ同振幅で繰り返されている。また，図 4.6 より，微分操舵角 b は通常操舵角 a に対し，位相が進んでいるので，前輪実舵角 $(a + b)$ は，通常操舵角 a に比べ，位相がやや進んでいることがわかった。

図 4.7 は，$P = 0.007$ の場合を示す。経過時間に対し，カウンターステアの当て，戻しの振幅は減少し，ドリフトコントロールが収束傾向にあることがわかる。また，$P = 0.005$ のときと同様に，前輪実舵角 $(a + b)$ は，通常操舵角 a に比べ，位相がやや進んでいることがわかった。

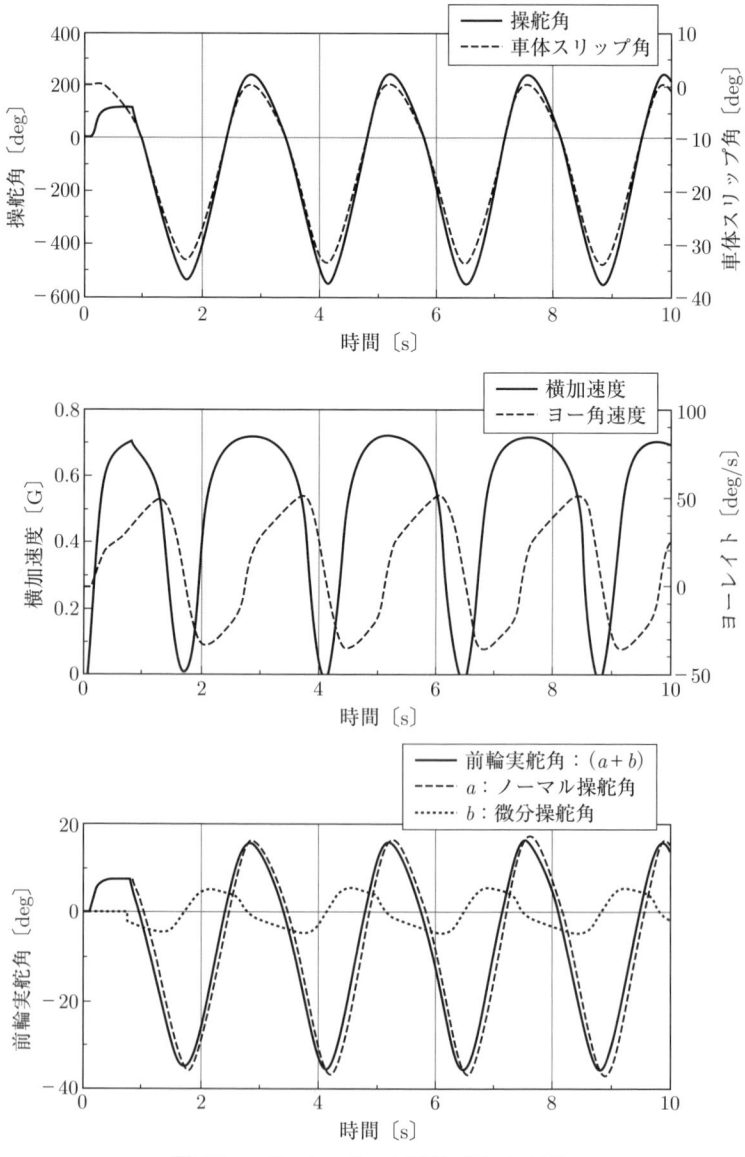

図 4.6 シミュレーション結果 ($P = 0.005$)

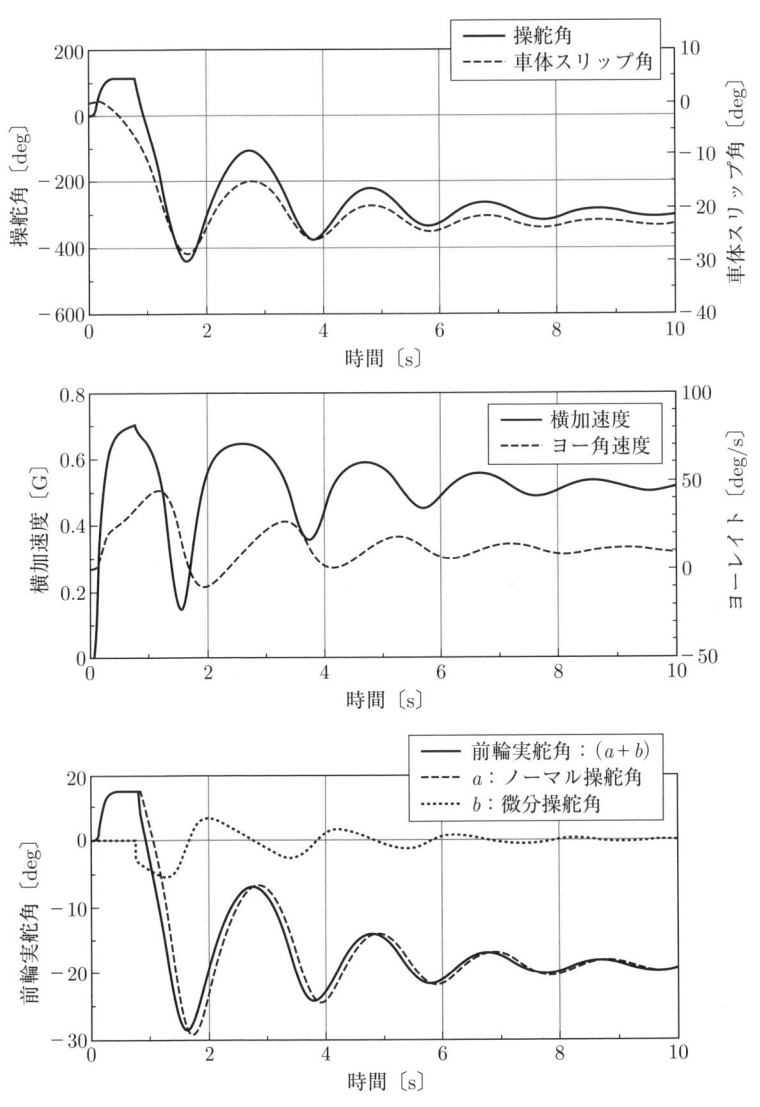

4.2 微分操舵アシストの適用の研究例について   93

図 4.7 シミュレーション結果（$P = 0.007$）

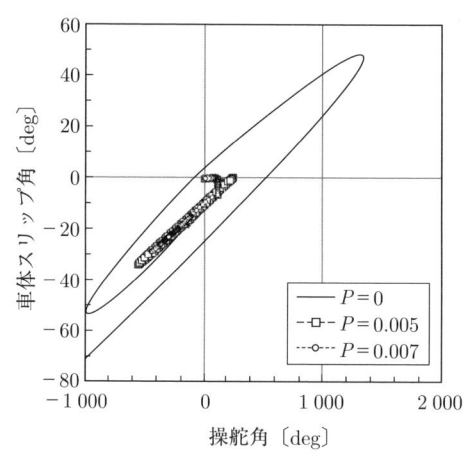

図 4.8 操舵角〜車体スリップ角の位相平面軌跡

すなわち，この結果より，微分操舵アシストを加えた場合は，ドリフトコントロール時の修正操舵の位相遅れが低減するので，その結果，ねらいのドリフトアングルに，収束方向にコントロールができることがわかった（ここで，ドライバーの操舵モデルの定数において，$k_1 = 10$，$k_2 = 1.5$ にて行っている）。

次に，図 4.8 より，$P = 0$（微分操舵アシストがない場合）は，車体のスリップ角に対し，やや位相が遅れてカウンターステアの当て，戻しの修正操舵が行われていることに対し，$P = 0.005$，$P = 0.007$ の場合は，位相遅れは，ほとんど生じていないことがわかった。

4.2.4 ドリフトを伴うシビアレーンチェンジ時の場合のシミュレーションの追検討

4.2.3 項までは，コーナリング時にドリフトアングルを維持する場合について検討を行った。ここでは，シビアレーンチェンジ時において，後輪に横滑りが生じ，カウンターステアによりドリフトをコントロールして，目標コースへの追従走行を行う場合について追検討を加える。ドライバーの操舵モデルは，現在の車両姿勢（ヨー角 θ）のまま，前方 L〔m〕に進んだ場合，つまり，L/V なる時間の後に生じるであろう，車両の横変位から目標コースの横変位 y_{OL} の位置を差し引いたズレ ε を検出し，フィードバック制御を行うものとした。

$$\varepsilon = y + L\sin\theta - y_{OL} \tag{4.10}$$
$$\delta_H = N \times (k \times \varepsilon) \tag{4.11}$$
$$L = 14 \,〔\mathrm{m}〕,\ k = -1.5$$

次に，車両の操舵方式は，4.2.3項と同様に，通常のステアリングに微分操舵をアシスト的に加える方式とした．すなわち，操舵角速度 $\dot{\delta}_H$ に定数 P を掛けた，アシスト前輪実舵角 $(P \cdot \dot{\delta}_H)$ を，通常のハンドル角 δ_H をギヤ比 N で割って求められる前輪実舵角 $\dfrac{\delta_H}{N}$ にプラスする方式とした．

式で表すと式 (4.12) となる．

$$\delta_f = \frac{\delta_H}{N} + P \cdot \dot{\delta}_H \tag{4.12}$$

車速 100〔km/h〕，レーンチェンジ幅 5〔m〕の条件にて，シミュレーションを行った．その結果，図 4.10 に示すように，微分操舵アシストを加えた場合

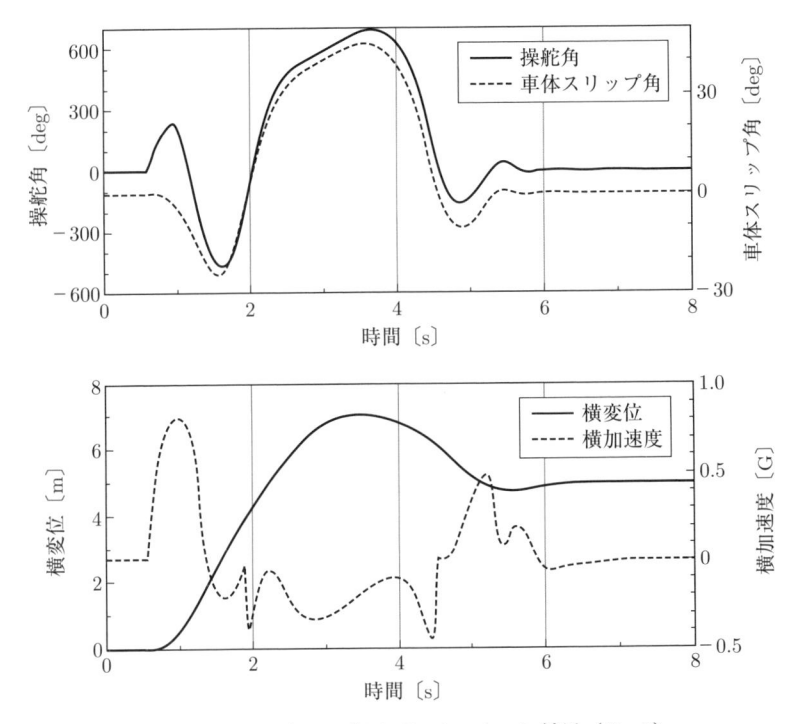

図 4.9　レーンチェンジのシミュレーション結果（$P = 0$）

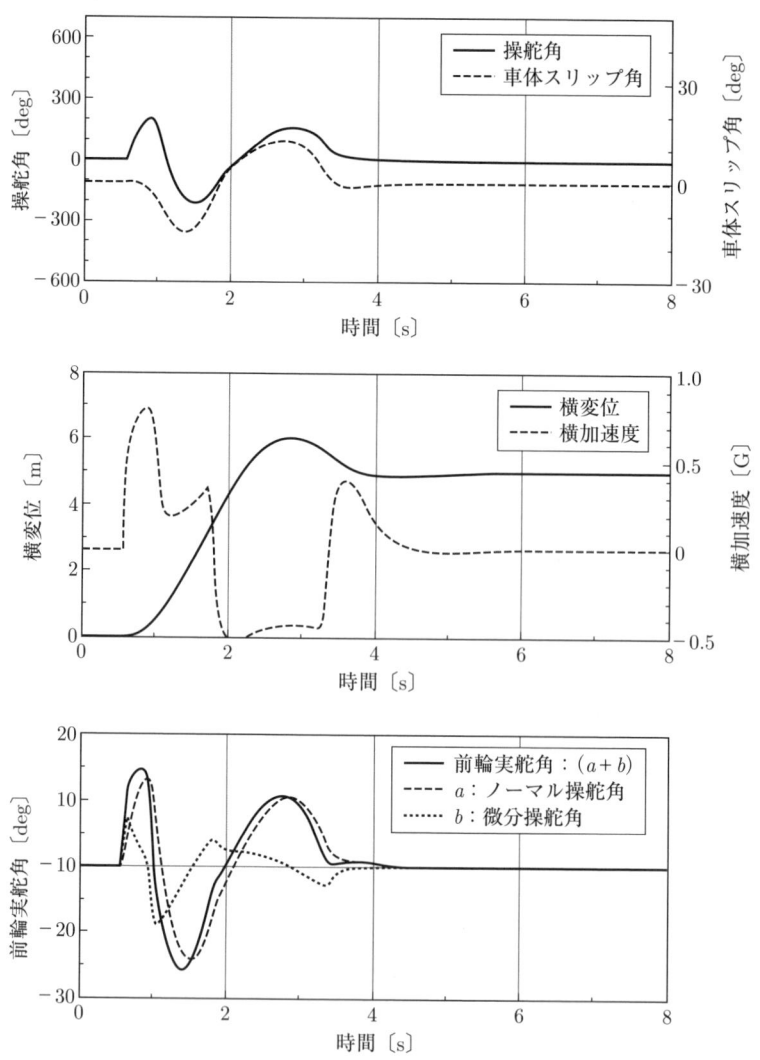

図4.10 レーンチェンジのシミュレーション結果（$P = 0.007$）

（$P = 0.007$），図4.9の微分アシストがない場合（$P = 0$）に比べ，オーバーシュートが少なく，安定性が高まることがわかった．

また，4.2.3項の結果と同様に，図4.10より，微分操舵角 b は通常操舵角 a に対し，位相が進んでいるので，前輪実舵角 $(a+b)$ は，通常操舵角 a に比べ，位相がや

や進んでいることがわかった。

4.2.5 まとめ

微分操舵アシストがドリフト走行性能に及ぼす効果について検討を行った。
その結果，以下の結論が得られた。

(1) 微分操舵アシストを付加すると，位相が進み，ドリフト走行時のカウンターステアの遅れをカバーでき，ドリフトコントロールが，かなりしやすくなることがわかった。

(2) シチュエーションとしては，コーナリング中にドリフトアングルを維持して，コーナリングを行うケース，そして，ドリフトを伴うシビアレーンチェンジを行うケースの2種について検討を行ったが，どちらの場合においても，微分操舵アシストが効果的に作用することがわかった。すなわち，ドライバーのカウンターステアのコントロール舵角の遅れが改善できるので，ドリフトコーナリング時は，ねらいのドリフトアングルに素早く収束させることができ，シビアレーンチェンジ時は，車両軌跡のオーバーシュートも少なく素早く安定状態に戻れることがわかった。

本節では，微分操舵アシストがドリフト走行性能に及ぼす効果について，そのメカニズムを検討した。

次節では，さらに効果的な微分操舵アシストの適用の方向等について検討を進めた例を紹介する。

4.3 走行シチュエーションに応じた操舵方式制御実験

ドライビングシミュレータは，緊急回避等の実験を容易にできる利点がある。そこで，近年，筆者が三菱重工業（株）と共同開発した「ドリフトコーナリング対応ドライビングシミュレータ（図4.11）」を用いて実験を行った。このドライビングシミュレータは，各自由度を独立させ，大きなヨーイングと大きな横加速度を体感可能としている。すなわち，無限回転可能なヨーイング機構を有し，また，ロールにより，定常的な横加速度を模擬させ，並進運動により過渡的な横加速度

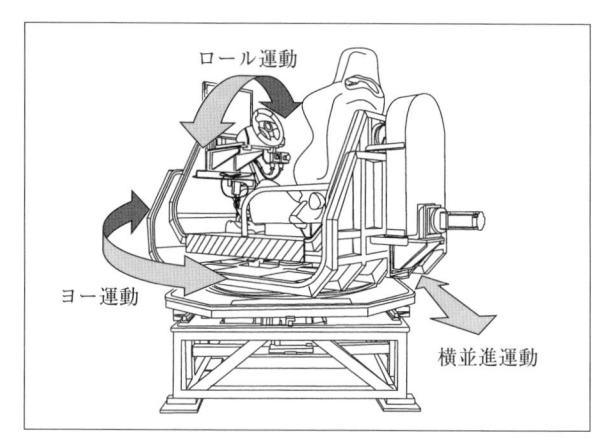

図中ラベル: ロール運動 / ヨー運動 / 横並進運動

図 4.11　ドリフトコーナリング対応ドライビングシミュレータ

を模擬し，合成することにより，実走行時の大きな横加速度（±0.7〔G〕）をシミュレートしたものである．そして，ドライバーにとって望ましい操舵方式制御技術についての検討を行っている．

　操舵方式制御技術は，ドライバーにとって，違和感のない特性が要求されるので，ドライビングシミュレータ上で，ドライバーに違和感のないアシスト制御技術の追求を行っている．

　図 4.12(a) は，レーンチェンジ時におけるハンドル角を示しているが，通常の車両の場合は，ハンドル角に対して前輪の実舵角が比例的に転舵される．一方，

4.3 走行シチュエーションに応じた操舵方式制御実験

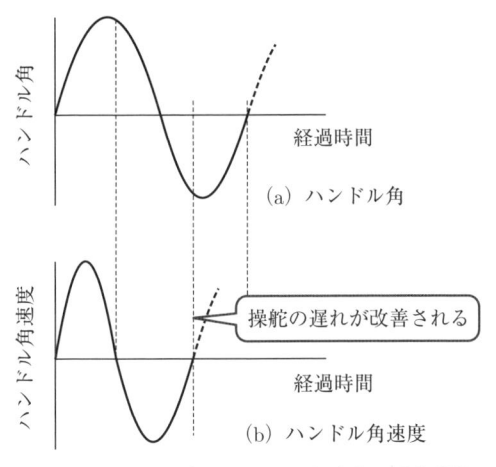

図4.12 ハンドル角とハンドル角速度〜経過時間

(a) ハンドル角

(b) ハンドル角速度

操舵の遅れが改善される

図 (b) は，そのときのハンドル角速度の波形を示している．すなわち，ハンドル角速度に応じて前輪の実舵角が転舵されるとすると，飛躍的に車両の応答の遅れが改善されることがわかる．したがって，緊急回避の車線変更等が瞬時に行えることがわかる．特に，後輪がグリップを失って，スピンになりかけた場合に，早いカウンターステアが必要となるが，この操作にもきわめて有効となることがわかる．

実験を行った結果，下記走行シチュエーションにおいて，特に効果的であることが確認できた．

- 緊急回避の車線変更等が瞬時に行える．
- ドリフトコーナリング時に早いカウンターステアが可能．

一方，問題点もある．この方式の場合，円旋回中は，ハンドルを回し続けなければ，旋回が続けられない．図4.13は，直進から円旋回に入っている状態を示すが，ステアリングを切っている間はヨー角も同様に増加し車両が旋回しているが，切れなくなると車両が旋回できずコースアウトしていることがわかる．これは，ステアリング角速度のみに応じて車両が旋回しているためであり，微分操舵のみではステアリングを切り続けることでしか車両は旋回せず，実際の走行に不向きなことがわかった．

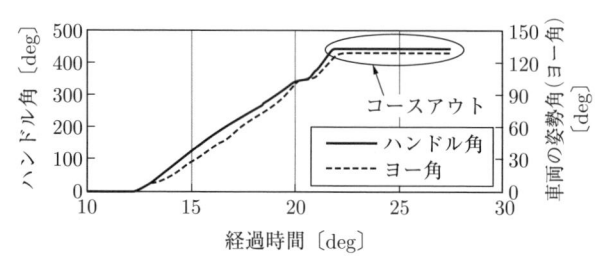

図 4.13 微分操舵のみによる操舵方式における実験結果

そこで，ハンドル角に応じて前輪が転舵される分と，ハンドル角速度に応じて前輪が転舵される分を組み合わせた微分操舵アシストとし，その配分を走行シチュエーションに応じて変化させることが望ましいと考えた．すなわち，以下の式により前輪が転舵されるようにした．

$$\delta_f = \frac{\delta_H}{N} + P^* \cdot \dot{\delta}_H \tag{4.13}$$

δ_f：前輪実舵角，δ_H：操舵角，$\dot{\delta}_H$：操舵角速度

N：ステアリングギヤ比

P^*：走行シチュエーション対応可変微分操舵アシスト定数

上記の理由により，グリップコーナリングにおいては，微分操舵アシストが大きいとハンドル角を止めたとき，前輪実舵角が切れ戻る現象が発生するので，微分操舵アシスト係数は極小としている．加えて，コーナリング時と，レーンチェンジ時のシチュエーションの判別は，操舵パターンの違い（図4.14参照）より行い，段付操舵の場合はコーナリング時と判別し，滑らかな正弦波状の操舵の場合はレーンチェンジ時と判別している（コーナリング時は，ラインに沿うための修正操舵が加わるので，このような操舵パターン傾向を示す）．

したがって，図4.15に示すように，コーナリングにおいては，グリップコーナリング時に微分操舵アシストを極小とし，ドリフトコーナリング時に微分操舵アシストを違和感がない程度中位に加えた．そして次に，緊急回避を模擬したレーンチェンジにおいては，レーンチェンジ～グリップコーナリング～ドリフトコーナリング間の切り替わりに，ドライバーが違和感のない範囲で効果を大きめの設定とした．

4.3 走行シチュエーションに応じた操舵方式制御実験

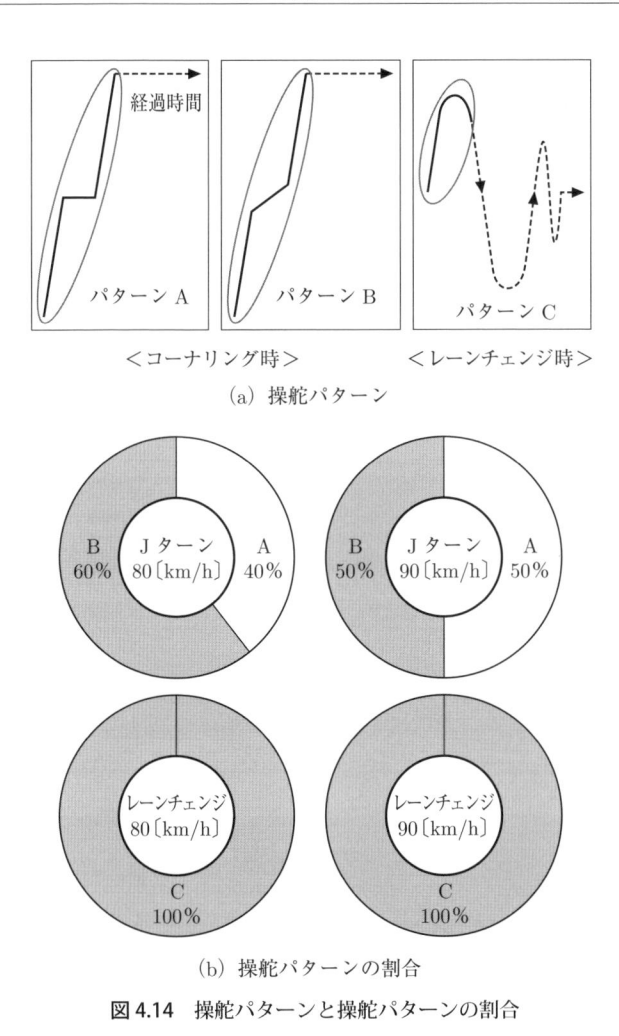

(a) 操舵パターン

<コーナリング時>　　<レーンチェンジ時>

パターンA　パターンB　パターンC

Jターン 80 [km/h]：B 60%, A 40%
Jターン 90 [km/h]：B 50%, A 50%
レーンチェンジ 80 [km/h]：C 100%
レーンチェンジ 90 [km/h]：C 100%

(b) 操舵パターンの割合

図 4.14 操舵パターンと操舵パターンの割合

　また，段付操舵の場合すなわちコーナリング時において，タイヤ特性に基づき，車体スリップ角が 10 [deg]（注：最大コーナリングフォース発生時車体スリップ角）以下の場合はグリップコーナリングと判別し，10 [deg] を超えた場合はドリフトコーナリングと判別し，ドリフトコーナリングにおいてのみ，微分操舵アシストを加えている．すなわち，図 4.15 のような操舵方式制御フローを実行して実験を行い，次の結果を得た．

第4章 ステアバイワイヤについて

```
        ┌──────────────┐
        │ 操舵パターン │
        │微分操舵アシスト大│
        └──────┬───────┘
               ↓
          ╱ ╲
         ╱段階╲  Yes
        ╱操舵で ╲────────┐
        ╲あ る ╱         │
         ╲   ╱           ↓
          ╲ ╱      ┌──────────────┐
           │No      │  旋回走行である │
           │        │ （グリップ走行）│
           │        │微分操舵アシスト極小│
           │        └──────┬───────┘
           │               │
           │               ↓
           │          ╱ ╲
           │         ╱車体ス╲ Yes
           │        ╱リップ角 ╲──────┐
           │        ╲10〔deg〕以╲    │
           │         ╲上である╱     │
           │          ╲   ╱         │
           │           │No          │
           │           ↓            ↓
           ↓    ┌──────────┐ ┌──────────────┐
    ┌──────────┐│グリップ走行である││ドリフトコーナリングである│
    │レーンチェンジである││微分操舵アシスト極小││ 微分操舵アシスト中 │
    │微分操舵アシスト大││          ││              │
    └────┬─────┘└────┬─────┘└──────┬───────┘
         │           │               │
         └───────────┴───────────────┘
                     ↓
              ┌──────────┐
              │ 舵角に入力 │
              └──────────┘
```

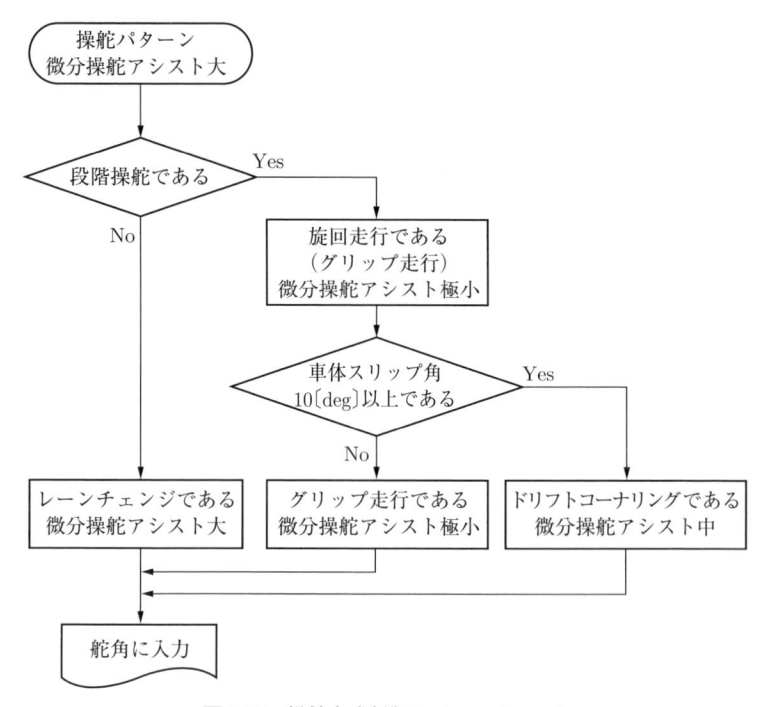

図 4.15 操舵方式制御のフローチャート

- レーンチェンジ〜グリップコーナリング〜ドリフトコーナリング間において，ドライバーが違和感のない範囲で各走行シチュエーションに応じた操舵方式制御の望ましい効果が得られた．
- 同様の内容を 3.3.1 項に示す遠隔操作式模型車両においても行い，ドライビングシミュレータによる実験結果と同様の傾向であることがわかった．

したがって，この操舵方式制御により，緊急回避性能の向上，そして，グリップ限界を超えドリフト領域に入ったときのカウンターステアのコントロール性は改善されることがわかる．

緊急回避時において違和感のない望ましい操舵アシスト制御技術として，走行シチュエーションに応じた操舵方式制御の研究を進めている．ドライビングシミュレータおよび模型車両での種々の走行シチュエーションに応じた操舵方式制御の効果を確認した．その結果，シチュエーションに応じて適正な操舵方式制御を

行うことにより，問題点を克服し，違和感のない操舵方式制御が可能となることがわかった．

すなわち，第3章のキャンバ角制御を含めると，走行シチュエーションに応じて，車輪の姿勢角を3次元に制御することで，格段の走行安定性向上が得られることがわかった．

電気自動車の時代に対応し，今後，より一層新しい走行安定性の技術が発展し，交通事故の抑制に寄与していくことが望まれる．

4.4 ステアバイワイヤ機構の実車搭載による検討

次世代のステアリングシステムとして期待されているステアバイワイヤシステムは，おもに3つのタイプ（図4.16参照）に分類される．タイプ1は，操舵角と転舵角の差動角を制御する方式で，操舵角に関係なく転舵角を自在に制御することができるが，操舵反力は機械的に伝達される．タイプ2は，ステアリングシステムが正常に動作している場合は，ステアリングホイールと転舵輪との間に機械的な結合を持たない方式である．ステアリングシステムに異常が出た際には，

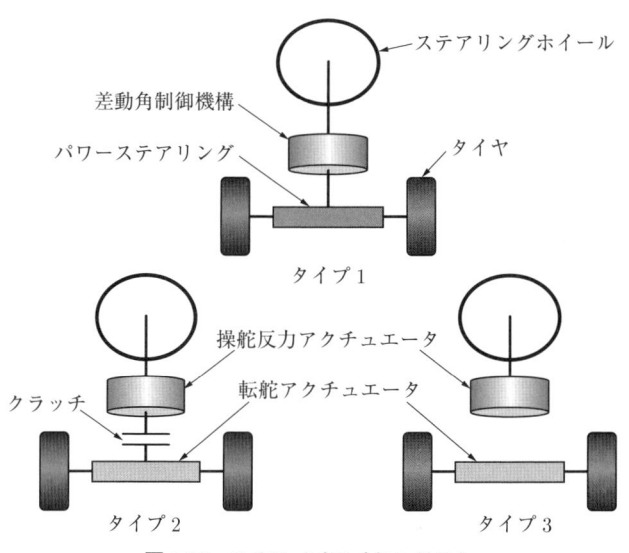

図 4.16 ステアバイワイヤシステム

ステアリングホイールと転舵輪との間をクラッチで機械的に結合できるようにしている。タイプ3は，タイプ2におけるシステム異常時のバックアップを電気的に行う方式である。

4.4.1 ダブルクラッチ式ステアバイワイヤシステム

本研究では，故障に強い新しいステアバイワイヤシステムの考案を行った。ダブルクラッチ式ステアバイワイヤシステムとは，ハンドルからの入力とサーボモーターからの入力を電磁クラッチによって切り替えることのできるステアバイワイヤ機構である。仕組みとしては，電磁クラッチ①を OFF，②を ON の状態で通常の操舵方式になり，電磁クラッチ①を ON，②を OFF の状態でサーボモーターが可動してステアバイワイヤ方式に切り替わるため，さまざまなシチュエーションに合わせた制御が可能である。本システムではサーボモーターの故障時でも容易に通常のハンドル入力に切り替えが可能であるとともに，通常操舵と制御操舵の切り替えができるのが大きな特徴である。図 4.17 にダブルクラッチ式ステアバイワイヤシステムを示す。図 4.18 に実車に搭載したようすを示す。

ドリフトコーナリング走行時の2輪近似モデルを用いた簡単なメカニズムを図4.19 に示す。極低速時は点 O を旋回中心としてコーナリング走行を行う。後輪のスキッド（スリップ角の増加）に伴い，旋回中心が T_f 方向，点 A に移動し，旋回半径が小さくなる。旋回半径が小さくなり，旋回中心が T_f となった場合には，後輪がグリップを失って，車両はスピンを起こしてしまう。その状況を回避，防止するために，ドライバーはカウンターステアを当てる。

カウンターステアを当てることで，旋回中心を点 A から点 O′ に動かすことが可能となる。しかし，ハンドル操作の遅れによって旋回中心のバランスがとれなくなると，スピンしてしまう。ドライバーはハンドル操作によってこのバランスをとりながらドリフト走行を行っている。この際には早いカウンターステアが必要となる。

微分操舵アシストの効果は，運転の不慣れなドライバーがドリフト走行時のカウンターステアの遅れに対して，早くステアし，旋回中心の移動を俊敏に行う点にある。

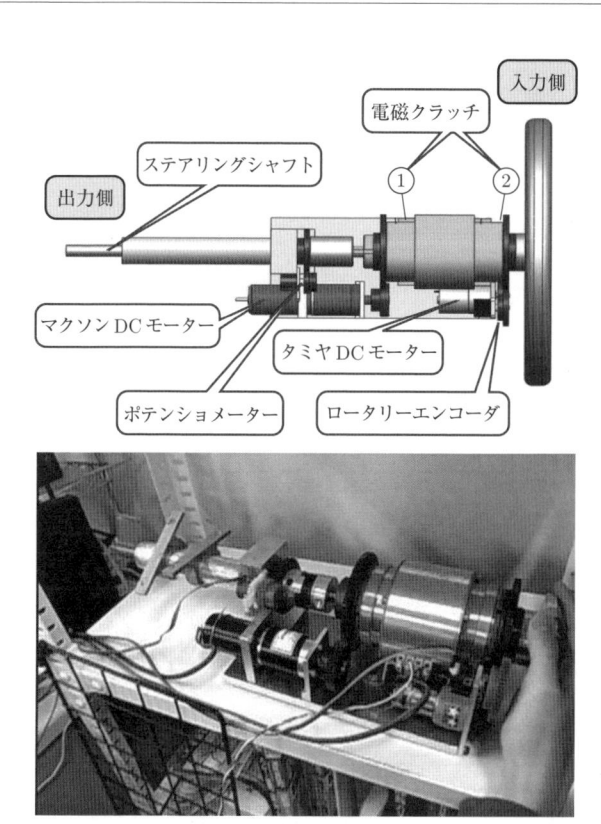

4.4 ステアバイワイヤ機構の実車搭載による検討　105

図 4.17 ダブルクラッチ式ステアバイワイヤシステム

図 4.18 製作した小型電気自動車に製作したステアバイワイヤを搭載

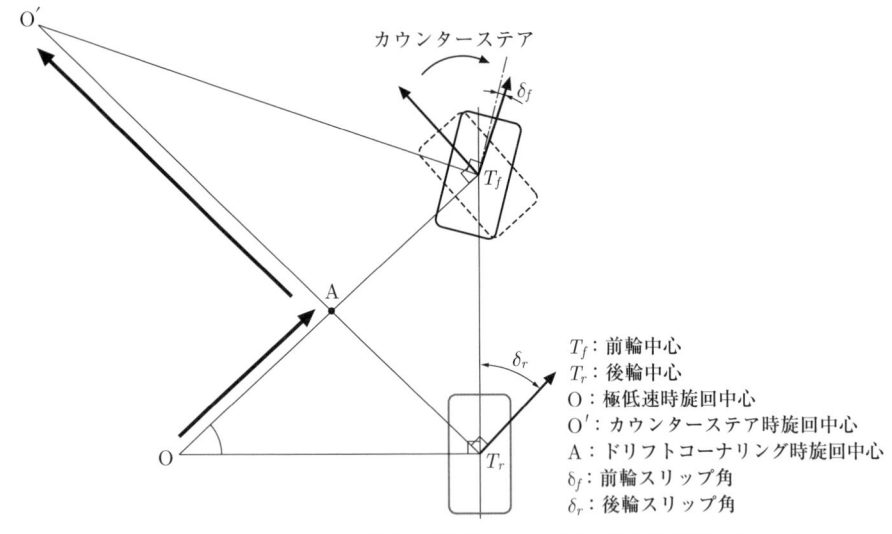

図 4.19 ドリフトコーナリング時の前後輪スリップ角に対する旋回中心の変化

T_f：前輪中心
T_r：後輪中心
O：極低速時旋回中心
O'：カウンターステア時旋回中心
A：ドリフトコーナリング時旋回中心
δ_f：前輪スリップ角
δ_r：後輪スリップ角

4.4.2 スラローム試験によるフィーリング評価

第 3 章の 3.5 節の図 3.31 に示した，間隔 9 [m] × 6 のパイロンスラロームコースにて，ドライバーによるフィーリング評価を行った．操舵角比例方式・キャンバ角制御ありとなしの 2 パターンで比較を行った．

その結果，ステアバイワイヤでは，操舵系に微分項を加えたことで，操舵に対する前輪の応答性が良くなった．位相進みの効果があったと判断できる．

第5章

外界センサーを用いたアシスト制御について

本章においては，外界センサーを用いた制御について紹介する。

外界センサーを用いた制御は，第6章の自動運転の方向と大きく関わるのみならず，アシスト制御の方向として，シャシー制御との組み合わせにより，運転の楽しみを損なわずに走行安定性との両立の方向へも大きく寄与すると思われる。これらについての例を紹介する。

5.1　予防安全～事故回避の性能の向上

近年は自動車の運動性能向上によるクルマの安全進化から，新しいシャシー制御技術として，予防安全性の方へ重点がシフトしてきている。そこで，予防安全性についての動きを述べる。

予防安全性のなかで，視認性は非常に重要である。事故を未然に防止するためには，運転者が潜在的な危険をできるだけ早く認知し，緊急回避する状況が生じる前に適切に対応することが必要である。このため，視認性向上や視界確保の技術開発が進められてきた。

例えば，死角部をミラー等の間接視界によって補うため，ミラーを適正に配置したり，車体後方にモニタカメラを搭載したりすることなどが推進された。モニタカメラは見えない部分をカメラでとらえ，運転席に映像を提供する。また，雨天走行の際に視界向上をはかるため，フロントガラス等に撥水ガラスを使用したり，ミラーに雨滴除去機能を取り付けたりすることも行われた。夜間走行時の視認性向上をねらった，高輝度ヘッドランプ（HID）やコーナリングランプ（自動

車の前方ではなく，進行方向を照らすランプ）等も実用化され，普及が進んでいる。

このほかにも，見通しの悪いカーブの先から突然対向車が走行してきた場合など，運転者が即座にとらえにくい事象に対してなんらかの情報を提供するなどの運転支援システムの研究が，種々の角度から進められている。

次に，ASVプロジェクトの進展と展望について述べ，そこで実現した技術を紹介する。

先進安全自動車（ASV；Advanced Safety Vehicle）推進計画は，安全性の高い自動車の研究開発を目指す国土交通省のプロジェクトである。研究分野には，予防安全，事故回避，衝突安全，災害拡大防止等がある。

第2期ASV推進計画（1996～2000）では，情報通信システムや，インテリジェント化技術と融合させた先進安全技術の開発に取り組んでいる（図5.1参照）。

例えば，走行時のエンジンの情報，タイヤの空気圧やブレーキの状況，道路の状態等を，さまざまなセンサーでモニタリングすることで，エンジンの異常やタイヤ空気圧の異常，ブレーキの過熱等を検出することが行われている。また，航空機のフライトレコーダと同様，ドライブレコーダによる事故時のデータ解析に

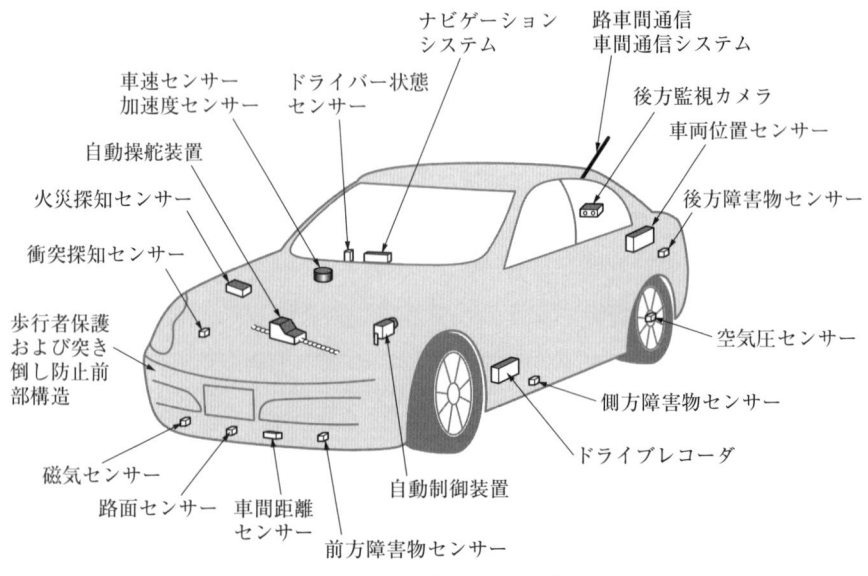

図5.1　ASV（先進安全自動車）

より事故原因を究明する研究も進んでいる．

第2期 ASV 推進計画において，先進安全自動車に組み込まれたおもな技術を以下に取り上げる．

- 運転者の認知・判断支援技術として以下のものがある．

  居眠り運転警報システム：画像処理技術を利用して，運転者の顔画像から居眠り，脇見等の前方不注意状態をとらえ，警報を発する．CCD カメラと赤外線ランプにより，運転者の目の動きをとらえる．

  高機能テールランプ：運転者のアクセルペダル操作から緊急制動を予測し，ブレーキ操作よりも先にストップランプを点灯させる．

  配光制御ヘッドランプ：運転状況に応じて配光分布を制御し，夜間の視認性を向上させる．例えば，中速時のカーブ走行の場合にハンドル操作に応じて光軸を制御し，進行方向を照らす．

- 運転負荷軽減技術として以下のものがある．

  レーンキープサポート：CCD カメラで撮影した画像を処理して，走行車線の白線と自車の位置とを認識し，走行車線を維持しやすいようハンドルの保舵力を補助する．

  衝突速度低減ブレーキ付全車速域定速走行装置：停止から高速域までの頻繁な加減速操作から運転者を解放して，運転負荷を軽減させる．主として高速道路走行時に，ミリ波レーダーとレーザーレーダーカメラからの情報により，先行車との車間距離や車速を制御することで頻繁なペダル操作をなくす．

- 事故回避技術として以下のものがある．

  衝突速度低減ブレーキシステム：運転者のブレーキ操作が遅れた場合や減速度が小さい場合に，自動的にブレーキを作動させ自車を停止させたり，可能な限り衝突速度を低減させたりする．

  緊急回避アシストブレーキシステム：各車輪のブレーキ力を最適にし，総合的に車両挙動を制御する．運転者が不意な障害物を回避するためにハンドル操作を行った場合に，車両の走行状態や，レーダー等の外界認識センサーによる障害物検知状態に応じて，各車輪のブレーキ力を積極的に制御する．

● 歩行者保護対策技術には以下のものがある。

　歩行者警報・衝突速度低減ブレーキシステム：運転者のブレーキ操作が遅れた場合に自動的にブレーキを作動させ，可能な限り衝突速度を低減し，歩行者の被害を軽減する。

　死角内歩行者警報システム：発進操作時に，車両の死角にいて見えない歩行者を赤外線センサーによって検知し，警報を出して運転者に注意を促すとともに，歩行者のいる方向へ発進できないようにする。

5.2　アイサイト（Eye Sight）の例

　また，最近実現した注目されている技術である衝突回避システムの一例として，富士重工業（株）の「アイサイト（Eye Sight）」をあげる。これは，カメラからの画像だけで，高速走行時も衝突を防いだり，衝突の被害を大幅に軽減したりする運転支援システムである。2台のカメラが秒間30コマで車の前方を撮影し，左右の画像の微小な差から前方の障害物との距離や速度差を認識する。そして，それらを蓄積されたデータと照合する。近づく距離により，最初は警報音が鳴り，さらに近づくと軽いブレーキがかかり，それでも運転者がブレーキを踏まないと，強制的にブレーキをかけて車を止める。前走車との速度差が時速30〔km〕以内なら，確実に衝突を防げる（図5.2）。

　アイサイトは最近では，相対速度差を時速50〔km〕以内へと進化している。また，ブレーキで避けきれない場合は，ハンドルコントロールで避ける機能等を追加している状況である。

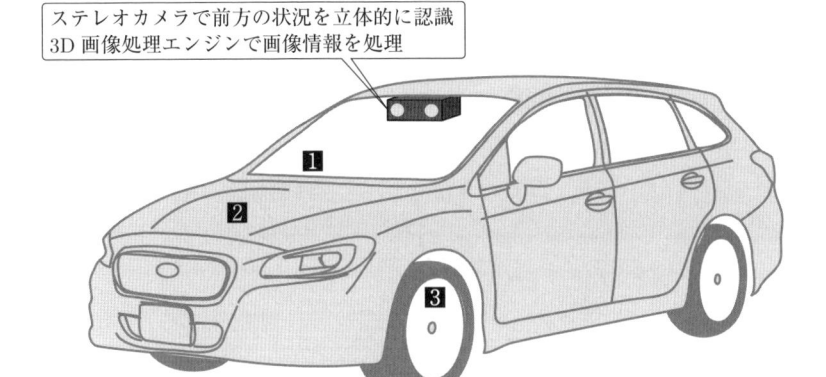

ステレオカメラで前方の状況を立体的に認識
3D 画像処理エンジンで画像情報を処理

1 警報音やメーター表示で注意を喚起
2 必要に応じてブレーキを制御
3 必要に応じてエンジン出力・トランスミッションを制御

図 5.2　アイサイト（Eye Sight）

5.3　外界センサーを用いた研究例の紹介

5.3.1　研究の概要

　人の操舵を全自動化する際，車両間での通信や多くのセンサーを必要とし，法律整備や多大なコストがかかり，運転する楽しさも失われてしまう。さらに近年の自動操舵技術での回避行動では，システムの誤作動等から事故をゼロにすることは難しい。現時点では，手動操舵とアシスト操舵を組み合わせることが最も事故を減らすことができると考えられる。さらに，自動操舵では，ドライビングの楽しみも失われてしまう。ここでは，緊急回避時におけるドライバー操舵とドライバー操舵＋アシスト操舵の差を検討する。

5.3.2　操舵角比例 4 輪アクティブキャンバ角

　第 3 章で用いた遠隔操作式の模型車両（図 5.3）を用いた。備えている操舵角比例 4 輪アクティブキャンバ角とは，走行中にキャンバ角をハンドル操作量に応じて可動させることである。コーナリング限界でキャンバ角をコントロールすることにより，タイヤの限界コーナリングフォースを向上させることができる。最

図 5.3　遠隔操作式の模型車両

大前輪実舵角 ±30〔deg〕，最大キャンバ角 ±20〔deg〕でキャンバ角は実舵角の 2/3 に比例する。

5.3.3　実験方法

模型車両を車速 700〔mm/s〕，ステレオカメラが障害物を感知させる距離を約 2.0 ～ 1.5〔m〕に設定した。障害物を出す 0.5〔m〕地点に模型車両が達したとき，障害物 1 を出現させる。障害物 1 を回避した後，壁に接触することなく障害物 2 を回避することができるかの実験を各 10 回行い，障害物回避の成功率を確認した（図 5.4）。

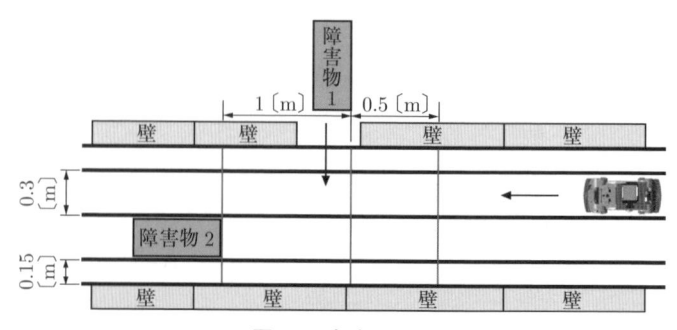

図 5.4　実験コース

5.3 外界センサーを用いた研究例の紹介　113

```
                    Start
                      │
          ┌───────────▼───────────┐
          │ ステレオカメラで障害物感知 │
          └───────────┬───────────┘
                      │
                  ╱ 障害物距離 ╲   No
                 ╱  (約 1 [m])  ╲──────────────────────┐
                 ╲              ╱                      │
                  ╲            ╱                       │
                      │ Yes                            │
                      ▼                                │
               ╱ 右に障害物あり ╲  No  ╱ 左に障害物あり ╲  No   ┌──────────┐
               ╲                ╱─────╲              ╱──────│ドライバー操舵│
                      │ Yes             │ Yes              └────┬─────┘
                      ▼                 ▼                       │
         ┌──────────────────┐ ┌──────────────────┐              │
         │ドライバー操舵に実舵角,対地│ │ドライバー操舵に実舵角,対地│              │
         │ネガティブキャンバ角(左方向)│ │ネガティブキャンバ角(右方向)│              │
         │のアシスト操舵を 50%加える │ │のアシスト操舵を 50%加える │              │
         └────────┬─────────┘ └────────┬─────────┘              │
                  │                    │                        │
                  └────────────────────┴────────────────────────┘
                      │
                      ▼
                    End
```

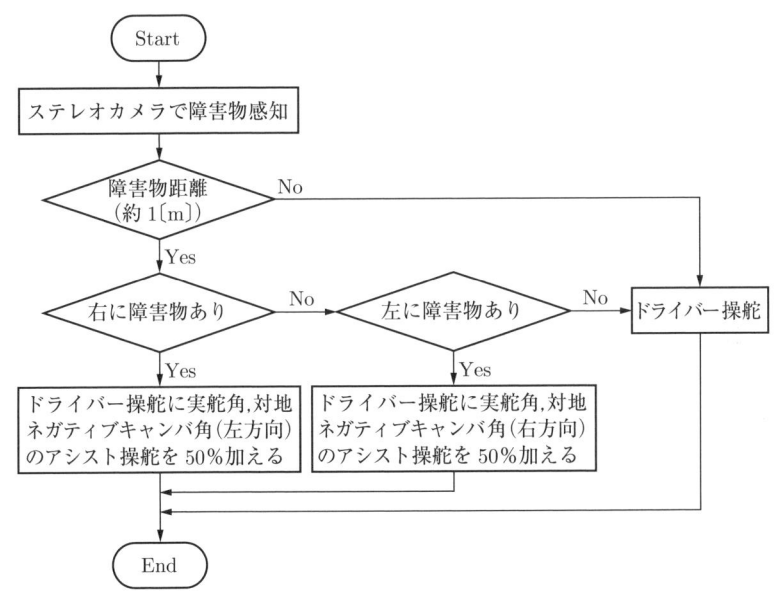

図 5.5 ドライバー操舵＋アシスト操舵の制御ロジック

　ドライバー操舵においては，ドライバーが障害物を認識したところから操舵を加え，キャンバ角は操舵角に比例する．アシスト操舵は搭載されたステレオカメラで前方の障害物までの距離を平均視差として吟味し，視差の値が設定した値を超えた時点で障害物回避の左右方向の判定を行い，模型車両に前輪実舵角，キャンバ角を加えて障害物回避のアシストを行う（アシスト操舵の割合は，違和感を感じないようなゲインレベル（自動操舵の場合の 50% 程度）とした）．したがって，ドライバー操舵＋アシスト操舵はステレオカメラが障害物を感知後に左右判定を行い，ドライバー操舵にアシスト操舵の前輪実舵角とキャンバ角が加わり，障害物回避を行う．ドライバー操舵＋アシスト操舵の制御ロジックを図 5.5 に示す．

5.3.4　実験結果とまとめ

　実験結果を表 5.1 に示す．ドライバー操舵では障害物 1 の回避率は 10% だが，ドライバー操舵＋アシスト操舵では，70% 回避することができた．ドライバー操舵では人間が障害物を認識する時間にばらつきがあり，障害物を回避すること

ができない。ドライバー操舵＋アシスト操舵では，予測的操舵がアシスト操舵として入るので，障害物回避がスムーズに行え，障害物回避後も挙動が安定することがわかった（ここでは省略しているが，自動操舵で行った場合は，ドライバー操舵＋アシスト操舵により障害物2を避ける際において大きく劣っていた。これは本模型車両に搭載のステレオカメラの反応の性能の関係もあると考えられる）。

表5.1　実験結果（障害物回避の割合）

	障害物1の場合	障害物2の場合
ドライバー操舵	1/10	1/10
ドライバー操舵＋アシスト操舵	7/10	7/10

ドライバー操舵にアシスト操舵を加えた制御では，理想の走行ラインをトレースしやすくなるとともに，ドライビングの楽しさも失うことはないので，走行安定性と運転の楽しさの両立が可能となると思われる。

第6章

自動運転の方向と運転する歓びとの両立について

本章においては，自動運転の方向と，運転する歓びとの両立について紹介する。

6.1　自動運転と運転をする歓びの両立について

　今後は，第5章までに述べたようなシャシー制御技術と外界センサー等との連動技術が進むと思われ，人～自動車系としての性能が向上し，走行安全性能が飛躍的に高まることが期待できる。そして，より運転する楽しさが拡大されてくることが予想できる。

　そして一方で，この技術は，さらには自動運転の開発へもつながっている状況にある。

　2013～2015年現在，日本に限らず各国のメディアでは自動運転の話題が多く，大きく取り上げられた。

　2020年代をターゲットに，自動運転を実用化するため，各自動車メーカーでは研究開発が進められている。「運転をする歓び（ドライビングプレジャー）」と，「自動運転」はどう関わっていくかについては，各国の社会情勢により，やや異なってくると考えられる。「運転をする歓び」と「自動運転」は相反するものに感じられるが，2020年代をターゲットとする，日本における自動運転の方向性は次のようになるのではないかと考えられる。

　すなわち，次の3つの状況に応じて使い分けられると考えられる。

　①ドライバーがドライビングプレジャーを得るために，自分で運転をする。

　②高速道路等のように長距離を走る必要がある場合，疲労している等の理由で

運転を代わってほしいと思う状況等では自動運転へモードを切り替える。
③ドライバーが自分で運転しながらも，気遣ってほしいような，例えば不慣れな道への遭遇時等ストレスを感じた走行状態（アシスト制御の状態，半自動運転）時に，ドライバーがスイッチで切り替えができる。

したがって交通状態としては，このような3モードの状況の車が混在することとなり，より高度な自動運転システムが要求されると考えられる。また，自動運転から手動運転に切り替わるときに，ドライバーは瞬時に対応することが難しいと考えられる。そのときに，すぐに対応できない数秒間のタイムラグをカバーしてくれることが要求されてくると考えられる。

自動運転，アシスト制御の状態（半自動運転）のいずれにせよ，ダブルセーフティーの配慮が必要になってくると考えられる。

また，自動運転に関しては，幅広い範囲で，自動運転と定義してもよいのではと思われる。例えば，高速道路で，ウインカー操作すると自動的にハンドル操作をしてくれるシステムも，広義の自動運転としてよいのではないかと思われる。とにかく，これからのメディアの注目は，何といっても「自動運転」であり，今後の自動車開発のメインとなることは明らかと考えられる。

また，自動運転に関する課題は，法律や保険にもある。

自動運転走行中に何かが起こったとき，誰の責任かという問題である。しかし，自動運転により交通事故が大きく低減し，安価な保険対応でカバーできるということが認知されるようになれば，この問題はクリアできると思われる。交通事故ゼロの社会にかぎりなく近づくためにも，自動運転，アシスト制御の状態（半自動運転）は，非常に重要な望まれる技術であるので，その実現に対する期待は大きい。

一方，「運転をする歓び」の研究開発も自動運転の研究開発と並行して進んでいくと思われる。走破性が拡大されていくことに対する感動は，自動運転では得られないものがあるからである。

6.2 自動運転の開発状況

自動運転の研究例を図 6.1 に示す。自動運転が最近注目されるようになってきた背景には，コンピュータの処理能力向上や，位置情報を得る全地球測位システム（GPS）の普及等がある。車の事故の 9 割はヒューマンエラーが原因だといわれているので，自動運転への期待は大きい。また，事故の減少のみならず，高齢化・環境対策といった社会を取り巻く状況の課題との関連が強い。

実用化へ近づいているのは，交差点や歩行者のような複雑な状況の少ない，高速道路においてである。さらに，自動運転技術の安全性を評価する方法や，事故が起きた場合の責任等，法律を含めたインフラが確立してこないと，実用化は難しくなる。しかし，自動運転が実現すると，運転が楽なものになり，高齢者にも望ましい。また，インターチェンジ等の合流もスムーズになり，渋滞が減少することが予測できる。ドライバーの操作の誤りや判断ミスもカバーできるようになると予測できる。

一方，車には運転を「楽しむ」という文化があるので，「車を運転する自由」

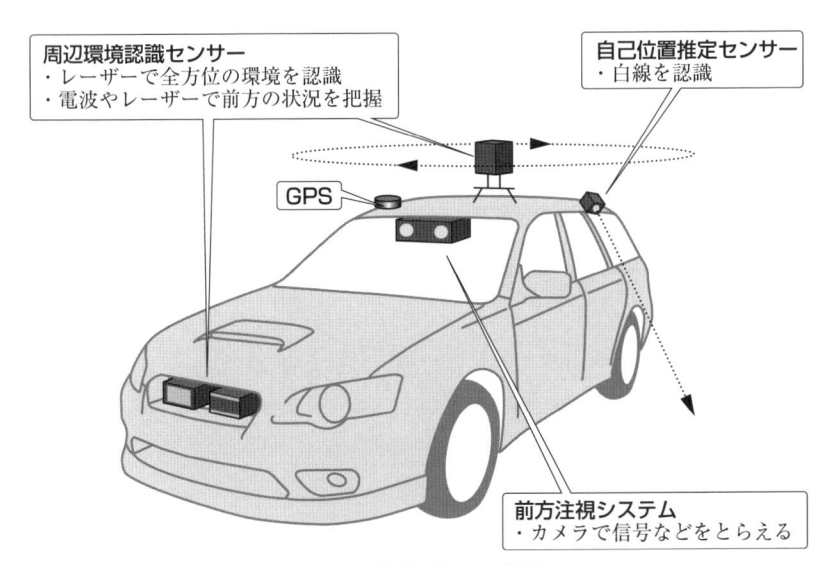

図 6.1　自動運転の研究例

を失うことなく，究極の安全性と運転する楽しみの両立が図られることが望ましいと思われる。

6.3 自動運転の今後

自動運転に関しては，賛否両論がある今日であるが，多少整理をしてみると，次のようになる。

〔1〕 自動運転の課題が大きいとする意見
- 環境が変わった際に臨機応変に運転することが難しい。
- 1つの事故が連鎖的に起こる。
- 事故が起きたときの責任は？
  ⇒ 自動車の問題または製造メーカーまたは自動運転させた人
- 保険の整備も必要となる。
- 機械が起こす事故に納得がいかなくなる。
- 運転する主体は人間である。

〔2〕 自動運転が可能とする意見
- センサーや自動化や情報の技術が進歩し，声で命令できる。
- 技術的には，近い将来走行可能になる。
- 条件としては，途中で切り替える。例えば，全自動運転のレーンがあると，そこからは全自動運転になる。
- 高速道路のように単純な道路に限定し，法規制化すれば，全自動運転で走行可能になる。
- 特区を作って，その中のみ全自動運転を可能にする。疲れた際には自動運転に切り替える。
- 運転手の判断で，自動⇔手動の切り替えをする。
  ⇒ 責任問題が明確になる。
- 国土交通省等で，法律・制度の検証を進めている。

以上のように，賛否両論がある状況である。ドライバーは人間なので，ファジーな面があり，交通事故につながる場合があるが，自動運転は想定された範囲内についてはほとんどミスなく行えると思われる。一方で，自動運転は想定されていないことが起こると弱いと思われ，人間の場合はある程度臨機応変の対応ができるという点が異なると思われる。

　また，「運転する楽しみ」も車の大きなよさでもあるので，自動運転〜アシスト制御による運転〜ドライバーによる運転が，3段階でスイッチで切り替えられるような，楽しい車の出現にぜひ期待したい。

第7章

フォーミュラカーの限界コントロール性向上手法について

　自動車技術会主催の全日本学生フォーミュラ大会が，ものづくりコンペティションとして非常によい刺激を学生に与えている今日である。
　そこで，本章においては，フォーミュラカーの限界コントロール性向上手法について，筆者が行った研究例を紹介する。

7.1　パッシブなキャンバ角コントロールとは

　フォーミュラカーにおいて，コーナリング限界を高めるための手法は，車両の前後重量配分の適正化等の検討が行われているが，サスペンション特性に着目すると，まだコーナリング限界を高めるための向上の余地がある。ネガティブキャンバは，コーナリングパワーのみならず，最大コーナリングフォースも高める有効な方向であるが，ロールネガティブキャンバ化を大きくすると，車体の上下動時のスカフ変化も大きくなり，悪い面も生じてしまうという不都合がある。
　そこで，これまでほとんど検討がなされてこなかった，コンプライアンスネガティブキャンバの実現化手法を検討した。そして，その特性の設計の適正化の理論的考察を行った。さらに，シミュレーションにより，その効果の把握を行った[A-5]。

7.2　タイヤにかかる横力と揺動サスペンションメンバーの関係

図 7.1 に示すように，旋回中，左右のタイヤが地面から受ける横力 F_l，F_r により，揺動サスペンションメンバーが F_g の力で瞬間回転中心まわりに回転運動をすることで，左右のタイヤは旋回中心（ネガティブキャンバ）方向に傾く。これにより両輪にキャンバスラストを発生させることで，限界コーナリング性能を向上させることができる。

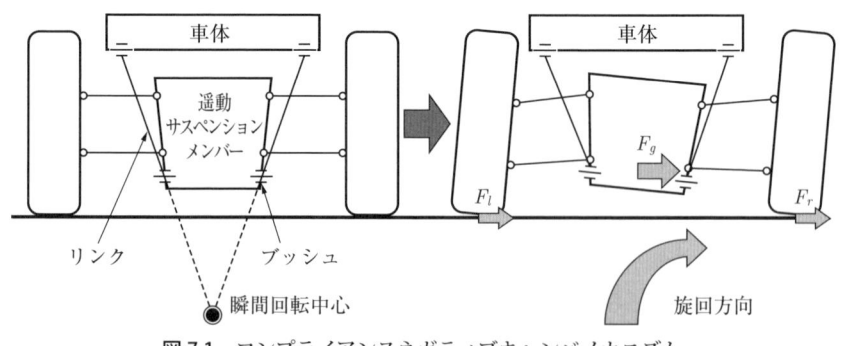

図 7.1　コンプライアンスネガティブキャンバメカニズム

7.3　揺動サスペンションメンバーのジオメトリー変化

ここでは揺動サスペンションメンバーのジオメトリー変化について考える。

図 7.2 に示すように，揺動サスペンションメンバーはタイヤからの横力を受け，2 本のリンクの延長線上の交点にあたる瞬間回転中心を原点として，θ だけ回転運動を行う。このときの揺動サスペンションメンバーの横方向の変位 X，揺動サスペンションメンバーの瞬間回転中心まわりの変位角 θ の式を幾何学的に導き出すことで，リンクの長さやその取り付け角度等，各値が X や θ に及ぼす影響を考える。

揺動サスペンションメンバーが瞬間回転中心を基点として，θ だけ回転運動を行うとき，揺動サスペンションメンバーは少なからず横方向に移動する。この変位 X を幾何学的に求める（図 7.3）。

7.3 揺動サスペンションメンバーのジオメトリー変化

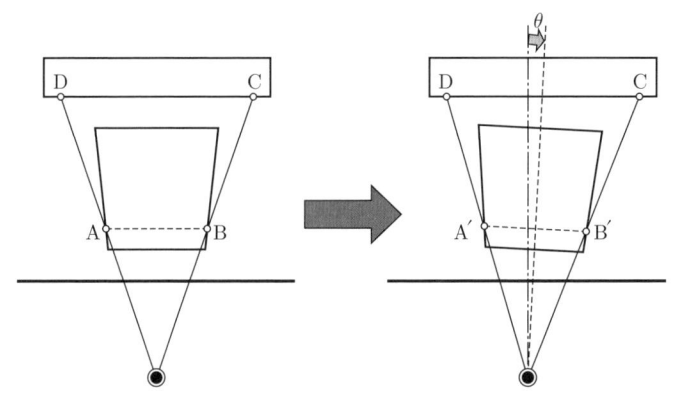

図 7.2 揺動サスペンションメンバーのジオメトリー変化

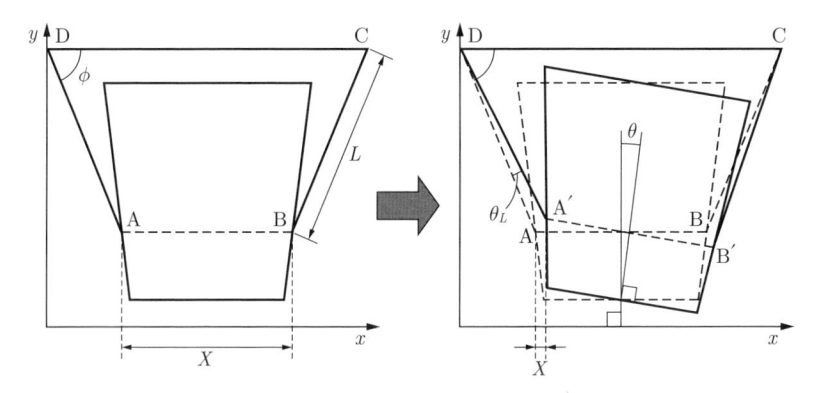

図 7.3 ジオメトリー変化の状態図

図 7.4 に示すように，X は X_1 と X_2 の差により求められる。

まず X_1 は，$\left(\dfrac{\pi}{2}-\phi\right)$ を鋭角とする直角三角形として考えると，

$$X_1 = L \times \sin\left(\frac{\pi}{2}-\phi\right) \tag{7.1}$$

同様に X_2 は，$\left(\dfrac{\pi}{2}-\phi+\theta_L\right)$ を鋭角とする直角三角形として考えると，

$$X_2 = L \times \sin\left(\frac{\pi}{2}-\phi+\theta_L\right) \tag{7.2}$$

よって X は，

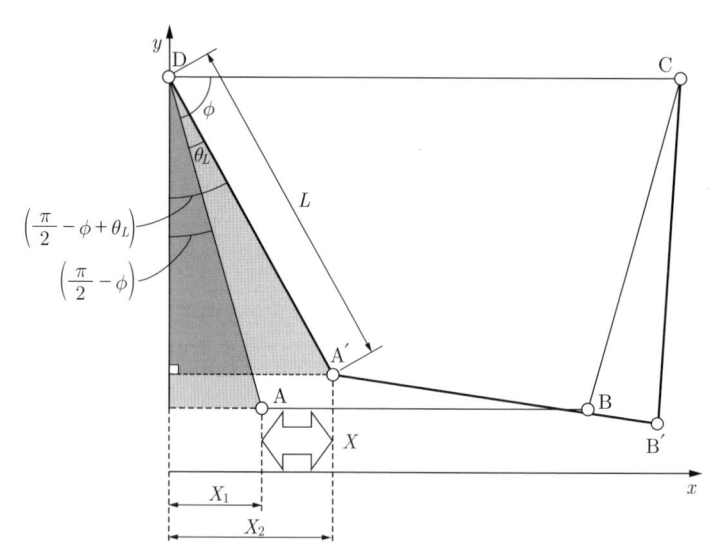

図 7.4 揺動サスペンションメンバーの横方向の変位 X

$$X = X_2 - X_1$$
$$\Leftrightarrow X = L\left[\sin\left(\frac{\pi}{2} - \phi + \theta_L\right) - \sin\left(\frac{\pi}{2} - \phi\right)\right] \tag{7.3}$$

ϕ：車両とリンクの取り付け角

L：リンクの長さ

θ_L：リンクの変位角

揺動サスペンションメンバーの変位角 θ を求めるにあたり，まず，回転後の点 A'，点 B' の y 軸方向の変位 Y を求める。

図 7.5 に示すように，y 軸方向の変位 Y は，Y_1 と Y_2 の差で求められる。

Y_1 は，$\left(\frac{\pi}{2} - \phi + \theta_L\right)$ を鋭角とする直角三角形として考えると，

$$Y_1 = L \times \cos\left(\frac{\pi}{2} - \phi + \theta_L\right) \tag{7.4}$$

同様に Y_2 は，$\left(\frac{\pi}{2} - \phi - \theta_L\right)$ を鋭角とする直角三角形として考えると，

$$Y_2 = L \times \cos\left(\frac{\pi}{2} - \phi - \theta_L\right) \tag{7.5}$$

7.3 揺動サスペンションメンバーのジオメトリー変化　125

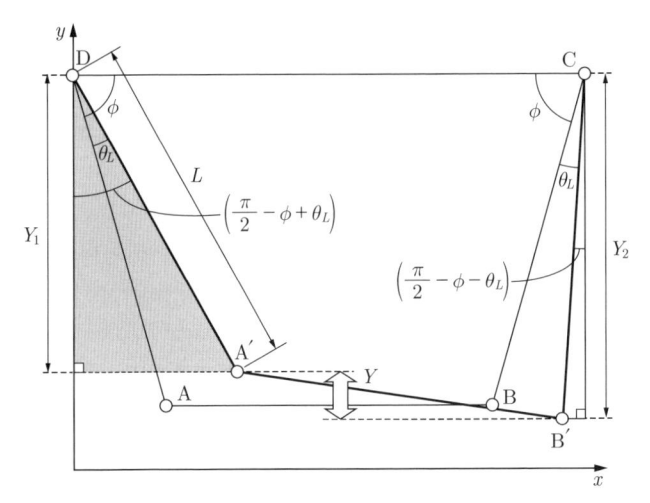

図 7.5 揺動サスペンションメンバー回転後の点 A′,点 B′ の y 軸方向の変位 Y

よって Y は,

$$Y = Y_2 - Y_1$$
$$\Leftrightarrow Y = L\left[\cos\left(\frac{\pi}{2} - \phi - \theta_L\right) - \cos\left(\frac{\pi}{2} - \phi + \theta_L\right)\right] \tag{7.6}$$
$$\Leftrightarrow Y = 2L\sin\left(\frac{\pi}{2} - \phi\right)\sin\theta_L$$

　　L：リンクの長さ

　　θ_L：リンクの変位角

　　θ：揺動サスペンションメンバーの変位角

さらに図 7.6 に示すように,θ は辺 A′-B′ と Y の 2 辺からなる直角三角形として考えると,

$$Y = x \times \sin\theta$$
$$\Leftrightarrow \sin\theta = \frac{Y}{x} = \frac{2L}{x}\sin\left(\frac{\pi}{2} - \phi\right)\sin\theta_L \tag{7.7}$$
$$\Leftrightarrow \theta = \sin^{-1}\left[\frac{2L}{x}\sin\left(\frac{\pi}{2} - \phi\right)\sin\theta_L\right]$$

　　ϕ：車両とリンクの取り付け角

　　L：リンクの長さ

　　x：揺動サスペンションメンバー側のリンク取り付け位置の距離

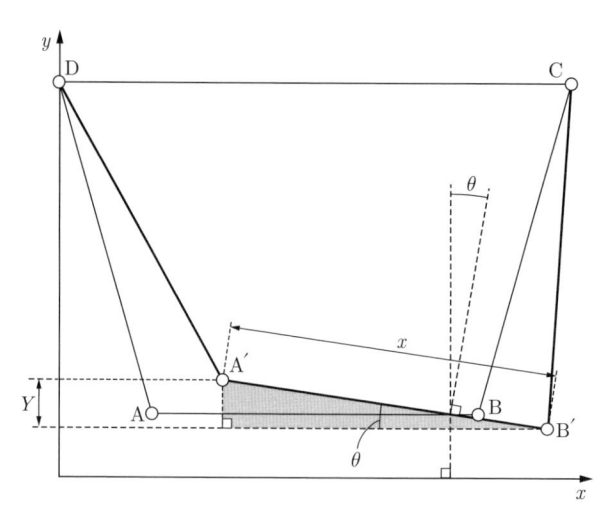

図 7.6　揺動サスペンションメンバーの変位角 θ

　　　　θ_L：リンクの変位角

　式 (7.3) より，揺動サスペンションメンバーの横方向変位 X は，リンクの変位角 θ_L と，リンクの長さ L，車両とリンクの取り付け角 ϕ に依存する．この横変位は，サスペンション全体の横剛性や，スカッフ変化に対する影響を小さくし，車両の操縦性・安定性を得るためにも，できるだけ小さい方がよい．よって，リンクの長さ L は短く，車両とリンクの取り付け角 ϕ を大きくするのが望ましいことがわかる．

　しかし，キャンバ角に直接影響を与える揺動サスペンションメンバーの変位角 θ は，式 (7.7) より，リンクの変位角 θ_L と，リンクの長さ L，揺動サスペンションメンバー側のリンク取り付け位置の距離 x，車両とリンクの取り付け角 ϕ に依存する．また前述のように，瞬間回転中心を接地面よりも下方にするためにも，リンクの長さ L は長い方がよいことがわかる．

　よって，ねらいどおりのキャンバ角を得るためには，これらの値をバランスよく設定し，適正な設計検討を行う必要がある．

7.4 シミュレーションモデルの概要

7.4.1 車両モデルの概要

シミュレーションの車両モデルとして，第2章と同様に，（株）バーチャルメカニクス製（米 Mechanical Simulation Corporation 社開発）の CarSim 6.06 というフルビークル車両運動シミュレーションモデルを用いた。

7.4.2 ドライバーモデル

操舵モデル（CarSim）では，Mac Adam が提案した最適制御理論を用いた自動車モデルを用いている。

図7.7に示すように，ドライバーが予見時間における目標コースを認識する。予見時間は，予見距離を車両の速度で除したものである。ドライバーは目標コースの認識と同時に，現在の車両の状態量から予見時間内に車両が走行すると思われる軌道（推定コース）を推定する。この推定コースは，ドライバーが身体で感じる車両の状態や前方視野の流れから予想されると考えられる。そして，予見時間内における目標コースと推定コースの誤差を最小にするように，操舵制御を行う。

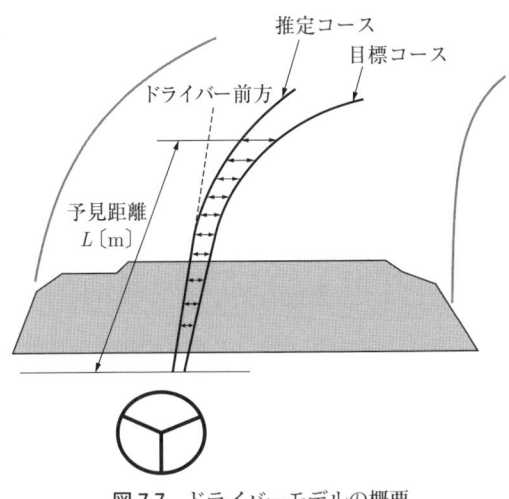

図7.7 ドライバーモデルの概要

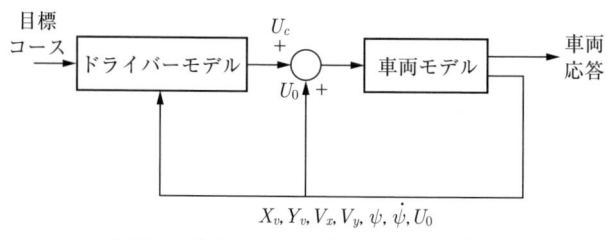

図7.8 ドライバーモデルのアルゴリズム

図7.8に本ドライバーモデルのアルゴリズムを示す。目標コースがドライバーに与えられ，それと同時に車両の応答がドライバーにフィードバックされる。これらの応答は，絶対座標系における車両の前車軸中央の位置 (X_v, Y_v)，車両の前方向および横方向速度 (V_x, V_y)，車両のヨー角およびヨーレイト (ψ, $\dot{\psi}$)，コンプライアンスステア U_0 である。

これらの情報をもとに，ドライバーは次の行動を行う。

① 現在の車両の状態から，予見時間内における車両の移動軌跡を推定する（コース推定）。

② 目標コースと推定コースのズレを最小にするように操舵する。この際，ドライバーはコンプライアンスステアをあらかじめ予想し，これを加えて操舵をするものとする。

③ ドライバーの操舵は，ドライバーの生態的な反応遅れ時間を考慮した。

本ドライバーモデルは，コンプライアンスステアも定量的にフィードバックして，コンプライアンスステアの分だけ足し合わせて操舵している。理由は，コンプライアンスステアによって生じる誤差をなくすためである。実際の一般的なドライバーを想定すれば，コンプライアンスステアを体感してフィードバックすることはできないかもしれないが，エキスパートドライバーは，車のコンプライアンスステアも心得て操舵しているかもしれない。いずれにしても，コースの追従性を重視するために，コンプライアンスステアも補正して操舵するようにしている。

次に，ドライバーモデルの式について，概要を示す。

推定コースの計算においては，以下のような状態変数行列式で表現している。

7.4 シミュレーションモデルの概要

$$\left.\begin{array}{l}\dot{x} = Ax + Bu \\ y = Cx\end{array}\right\} \tag{7.8}$$

u：ドライバーからの操舵角入力

x：状態ベクトル（以下のとおり）

x_1：現在のドライバーの位置を原点として，ドライバーの前方を x 軸にとるドライバー座標系における，将来予想される車両重心の位置の y 座標。現在の車両重心位置の y 座標は 0 とする。

x_2：ドライバー座標系における，将来予想される車両の姿勢角（ヨー角 ψ）。現在の車両の姿勢角を 0 とする。

x_3：車両の横方向速度 V_y

x_4：車両のヨーレイト $\dot{\psi}$

出力 y は，ドライバー座標系における，将来予想されるドライバーの y 座標を示す。式 (7.8) をオイラー積分することにより，現在のドライバーの位置を原点としてドライバーの前方を x 軸にとるドライバー座標系において，0 から予見時間 T までの間に移動するドライバーの位置の y 座標を求めている（図 7.9 参照）。

目標コースの計算においては，絶対座標系のコースデータのほかに，スタート地点からコースに沿った距離 (S) を定義した。現在の道のり S において車速 V_x で走行している時点での，予見時間内の目標コースの道のり $S_{t\,\mathrm{arg},i}$ は，以下の式となる。

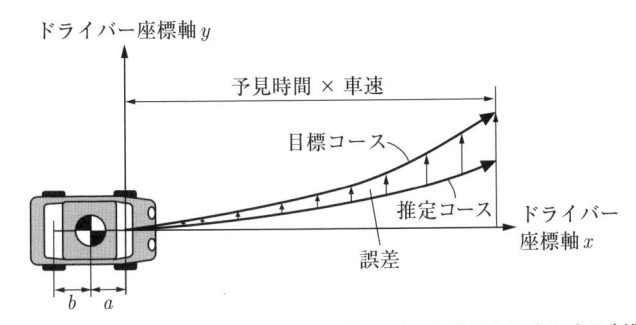

図 7.9 目標コースから推定コースを差し引いた誤差を最小とする制御

$$S_{t\,\text{arg},i} = S + \frac{iV_x T}{m} \tag{7.9}$$

$$i = 1 \cdots m \; (= 10)$$

目標コースの道のり $S_{t\,\text{arg},i}$ がわかれば，これをデータ (S, X, Y) に照らし合わせて，絶対座標系での目標コース $(X(S_{t\,\text{arg}}), Y(S_{t\,\text{arg}}))$ が求められる．したがって，現在の車両のヨー角 ψ を用いて，ドライバー座標系における目標コースの横ズレ量は，以下の式となる（図7.9参照）．

$$Y_{t\,\text{arg},i} = [Y(S_{t\,\text{arg},i}) - Y_V]\cos(\psi) - [X(S_{t\,\text{arg},i}) - X_V]\sin(\psi) \tag{7.10}$$

本ドライバーモデルは最適制御をしており，目標コースから推定コースを差し引いた誤差を予見時間内で最小にするように操舵を行っている．

$$J = \frac{1}{m}\sum_{i=1}^{m} W_i (Y_{t\,\text{arg},i} - y_i)^2 \tag{7.11}$$

W_i：任意の重み付け関数

また，加減速モデルは図7.10に示すように車速の上限を100〔km/h〕とし，コーナーでは，コースへの逸脱やスピン，横滑りしない領域でコースを走りきれるように，速度コントロールを行っている．

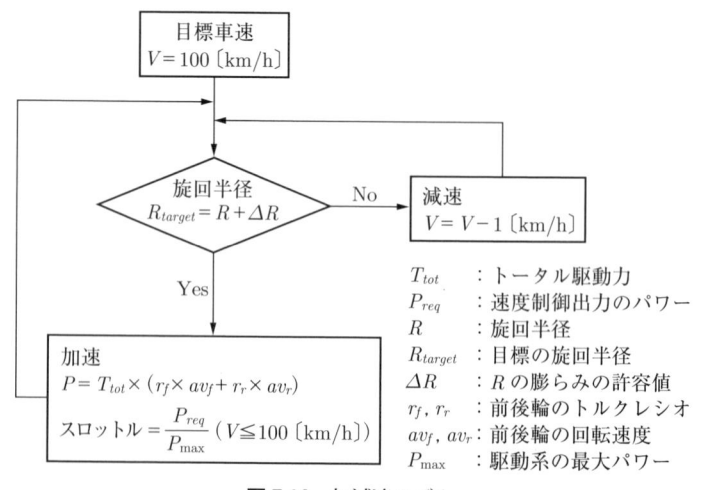

図7.10 加減速モデル

7.4.3 シミュレーションに用いたコース

最速走行シミュレーションを行った．使用するコースは1周およそ2〔km〕のサーキットコースとした．図7.11に，シミュレーションで使用したコースと距離の関係を示す．車両質量は300〔kg〕とした．

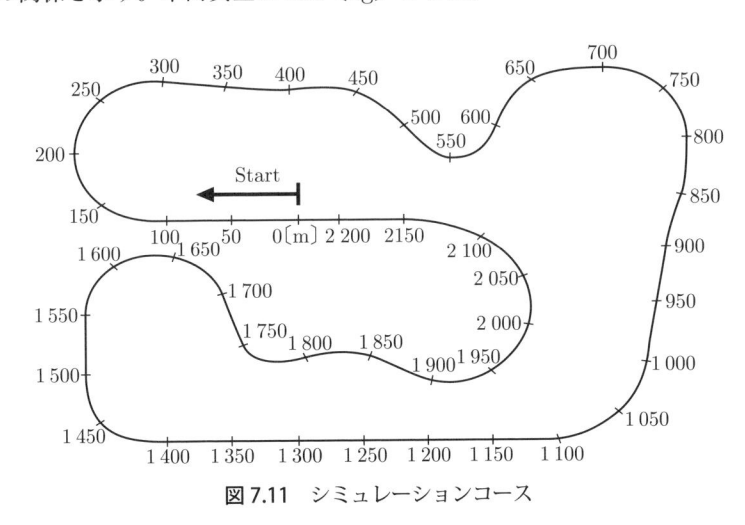

図 7.11 シミュレーションコース

7.5 最速走行シミュレーション結果

従来どおりのフォーミュラカー（車両A），およびコンプライアンスネガティブキャンバコントロールサスペンション機構を設けたフォーミュラカー（車両B）の場合において，サーキットコースでシミュレーションを行った．車両Bのコンプライアンスネガティブキャンバは0.002〔deg/N〕に設定した．これは1500〔N〕の横力が加わった場合に，3〔deg〕のネガティブキャンバが付くことを想定している．

車両Aおよび車両Bの横加速度のグラフを図7.12に，ラップタイムを表7.1に示す．図7.12より，車両Bの方が，車両Aに比べてコーナリング中の横加速度が大きいことがわかる．この結果，表7.1に示すようにラップタイムが向上している．

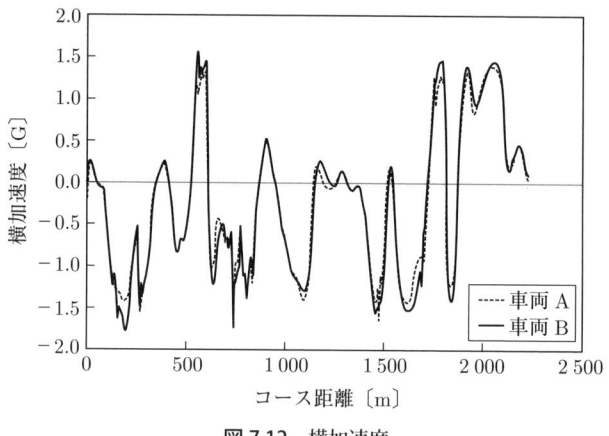

図 7.12　横加速度

表 7.1　ラップタイム

	ラップタイム〔s〕
車両 A	82.62
車両 B	80.20

7.6　設計検討

7.6.1　設計条件

　本設計では，旋回限界時の横加速度が 1〔G〕のとき遥動サスペンションメンバーの変位角 θ が 3〔deg〕となり，また車体のロールを考慮して，左右輪の対地キャンバ角が 2～3〔deg〕旋回中心方向に傾くようにする．さらに，遥動サスペンションメンバーがタイヤからの横力により旋回中心方向に回転するようにするために，揺動サスペンションメンバーの瞬間回転中心を接地面より下方に決定する．

7.6.2　実設計

　以上のことを考慮して，実際にコンプライアンスネガティブキャンバコントロールサスペンションの各リンク配置，リンク長を決定し，A アームやディファレンシャルギヤ等を配置する．図 7.13 にリンク配置およびリンク長を決定した

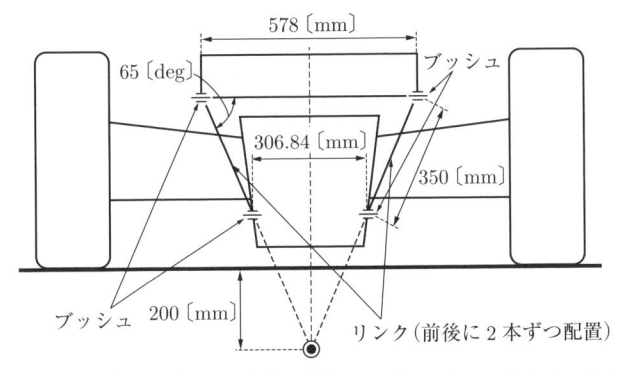

図 7.13 コンプライアンスネガティブキャンバコントロールサスペンション

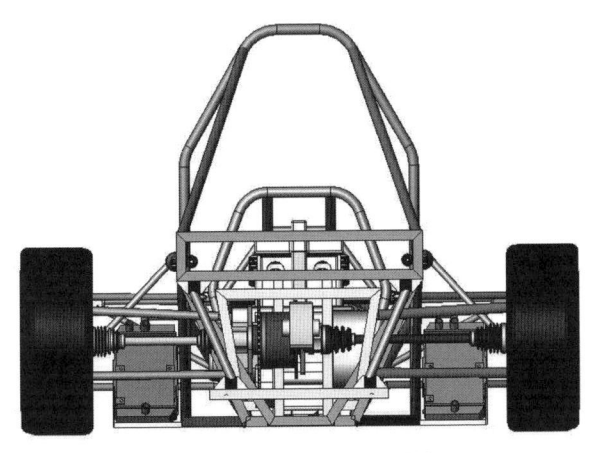

図 7.14 車両へ配置した状態

図を，図 7.14 に A アームやディファレンシャルギヤ等を配置した状態を示す．

ここで，A アーム，ディファレンシャルギヤ，アップライト等のパーツは第 4 回全日本学生フォーミュラ大会に出場したマシンのものを利用した．このとき，左右輪の対地キャンバ角は旋回中心方向に 2.3 〔deg〕，リンクの変位角 θ_L は 2.8 〔deg〕，揺動サスペンションメンバーの横方向変位 X は 19.24 〔mm〕となる．

7.6.3 ブッシュの選定

車重 300 〔kg〕，前後重量配分 50：50 の車両が横加速度 1 〔G〕でコーナリン

グしているとき，後輪全体には約 1 500〔N〕の横力がかかる。このとき，前後に2本ずつ配置される4本のリンクのうち，1本あたりのブッシュ分のねじり剛性 d は，以下の式により求められる。

$$d = \frac{F_g/4}{\theta_L} = \frac{1500/4}{2.8} \quad 133.9 \ [\text{N/deg}] \tag{7.12}$$

7.7 まとめ

シミュレーションにより，コンプライアンスネガティブキャンバコントロールサスペンション機構による車両のコーナリング性能向上を確認できた。

また，幾何学的な解析より，この機構によって得られるキャンバ角は，リンクの長さ，取り付け位置や角度によって決まることがわかった。さらに，横剛性を考慮して，従来実現できていなかったコンプライアンスネガティブキャンバコントロールサスペンションの，具体的な機構メカニズムの適正な設計検討を行った。そのうえで，実際にフォーミュラカーを設計することで，他のパーツとの干渉が生じない機構を設計することができた。

以上により，コンプライアンスネガティブキャンバコントロールサスペンション機構を実車に搭載することを可能とした。

参考文献

1) William F. Milliken. Jr : The Static Directional Stability and Control of the Automobile, SAE Technical Paper Series, 760712, 1976
2) 芝端康二，島田和彦，泊辰弘：ヨーモーメントによる車両運動性能の向上について，自動車技術，47巻，12号，pp.54-60，1993
3) 島田和彦，芝端康二：ヨーモーメントによる車両運動制御方法の評価，自動車技術会論文集，25巻，3号，pp.122-127，1994
4) 小林弘，大山鋼造，金島政弥：実走行時のタイヤ接地特性計測，自動車技術，vol.65, No.7, pp.75-80, 2011

本著に関連した筆者の報告論文

A-1) 野崎，坂井：旋回限界時の車両運動性能について，日産技報論文集，pp.1-8, 1989
A-2) 野崎：ドリフト走行時のドライバ操舵モデルと性能向上手法に関する一考察，日本機械学会論文集（C編）68巻675号，pp.3178-3185, 2002
A-3) H. Nozaki : About the Driver Steer Model and the Improvement Technique of Vehicle Movement Performance at the Drift Cornering, Proceedings of the International Symposium on Advanced Vehicle Control (6th), 20024589, pp.671-676, 2002
A-4) 野崎：微分操舵アシストがドリフト走行性能に及ぼす効果について，近畿大学理工学部研究報告書，No.40, pp.13-18, 2004
A-5) H. Nozaki, M. Kizu : Consideration of Suspension Mechanism with High Cornering Performance for a Formula Car, Vehicle Dynamics and Simulation, 2008, SAE International, SP-2157, pp.213-220, 2008
A-6) 野崎，清水，作野：ドリフトコーナリングに対応するドライビングシミュ

レータによる限界コーナリングの操縦特性の一考察, 自動車技術会論文集, vol.40, No.1, pp.15-20, 2009

A-7) 野崎：走行シチュエーションに応じた操舵方式制御の一考察, 日本機械学会論文集（C編）, 75巻752号, pp.781-788, 2009

A-8) 野崎：電気自動車の時代に対応する操舵方式制御の考察, JAHFA (JAPAN AUTOMOTIVE HALL OF FAME), No.10, pp.83-86, 2011

A-9) H. Nozaki , Mitsuhiro Makita, Tsutom Masukawa : PROPER PD STEERING ASSISTANCE CONSTANT BASED ON THE DRIVING SITUATION, International Jounal of Automotive Technology, vol.12, No.4, pp.513-519, 2011

A-10) T. Yoshino, H. Nozaki : About the Effect of Camber Control on Vehicle Dynamics, SAE Technical Paper Series, 2014-01-2383, pp.1-10, 2014

A-11) T. Yoshino, H. Nozaki : Effect of Direct Yaw Moment Control Based on Steering Angle Velocity and Camber Angle Control, SAE Technical Paper Series, 2014-01-2386, pp.1-10, 2014

A-12) 吉野, 野崎：キャンバ角と内外輪制駆動力の制御によるコーナリングの限界と横滑りの性能向上, 自動車技術会学術講演会前刷集, No.122-14, pp.9-14, 2014

索　引

英数字

4 輪操舵 85

ASV 108

CarSim 34, 46

FF 30
FR 30

Magic Formula 5
MATLAB 46
MATLAB-Simulink 32

SH-AWD 29
Simulink 46

VDC 30
VSA 30

あ行

アイサイト 110
アクチュエータ 78
アクティブキャンバ 66
アシスト操舵 114
アッパーアーム 70
アンダーステア 3

インホイールモーター 84

運転する歓び 115

円旋回 69

か行

外界センサー 107
回頭モーメント 6
カウンターステア 85
加速度制御 60

規範タイヤ制御 33
キャスタトレール 5
キャンバ角 7, 63
キャンバ角制御 81
キャンバコントロール 69
キャンバスラスト 67

グリップコーナリング 102

限界コーナリング 1
限界コーナリングフォース 63
減速円旋回 57

高輝度ヘッドランプ 107
コーナリング 101
コーナリングパワー 2
コーナリングフォース 1
小型電気自動車 70
コンプライアンスステア 128
コンプライアンスネガティブキャンバ 121

さ行

サイドフォース 9
サスペンション 70
左右駆動力差 37
左右独立制駆動力制御 32

ジオメトリー 122
自動運転 116

シビアレーンチェンジ	94	ダブルクラッチ式ステアバイワイヤシステム	104
シャシー制御	107	ダブルレーンチェンジ	69
車体スリップ角	7	ドライバーモデル	127
車両の横変化と目標コースのズレ	86	ドライビングシミュレータ	10
重量配分	3	ドリフト	75
瞬間回転中心	126	ドリフトアウト	18
ステアバイワイヤ	83	ドリフトコーナリング	102
ステアリングオーバーオールギア比	86	ドリフトコーナリング対応ドライビングシミュレータ	98
ステアリングギヤ比	100	ドリフト走行性能	84
ステレオカメラ	112	トレッド	10
スピン	18		
スピンモーメント	6	**な行**	
スラローム試験	81	ニューマチックトレール	4
スリップ角	1	ネガティブキャンバ	65
スリップ率	48	ネガティブキャンバ角	19
制駆動力	61	**は行**	
セルフアライニングトルク	4	パイロンスラローム	72
セルフアライニングモーメント	6	パッシブなキャンバ角コントロール	121
旋回	69	半自動運転	116
旋回半径	51	ビークルダイナミックコントロール	30
旋回半径比	51	ピッチ	47
前後力	48	人～自動車系	115
先進安全自動車	108	微分操舵アシスト	84
前方注視距離	86	フォーミュラカー	121
前輪実舵角	86	復元モーメント	6
走行シチュエーション	97	ブッシュ	133
操縦性・安定性	126	フロントエンジン・フロントドライブ	30
操舵角	94	フロントエンジン・リアドライブ	30
操舵角速度	89	ホイールベース	10
操舵角比例方式	81	ポジティブキャンバ	65
操舵方式	89	ポジティブキャンバ角	19
操舵方式制御	97		
操舵モデル	88	**ま行**	
た行		摩擦円	33
タイヤコーナリングパワー	86		
タイヤ摩擦円	40		
ダイレクトアダプティブステアリング	83		
タックイン	60		

モーメント法	5
目標ドリフト角	89
模型車両	70

や行

揺動サスペンションメンバー	124
ヨー	47
ヨーイングモーメント	30
ヨー角	128
ヨー角加速度	86
ヨー角速度	86
ヨー慣性モーメント	86
ヨーモーメント	11
ヨーレイト	77
横加速度	9
横滑り	76
横滑り制御装置	30

横力	7
予測的操舵	114
余裕駆動力	33

ら行

リチウム電池	84
輪荷重	2
レーンキープサポート	109
レーンチェンジ	101
ロール	47
ロール剛性	10
ロール剛性配分	3
ロールセンター高さ	10
路面の摩擦係数	86

【著者紹介】

野崎博路（のざき・ひろみち）

略　歴　宮城県塩釜市生まれ（1955）
　　　　芝浦工業大学大学院工学研究科機械工学専攻修士課程修了（1980）
　　　　博士（工学）（2001）
　　　　自動車技術会フェロー（2011）
　　　　日本自動車殿堂副会長（2016）
職　歴　日産自動車㈱車両研究所等にて操縦安定性の研究に従事（1980）
　　　　日産アルティア㈱出向．開発部主担（課長），サスペンションチューニング装置等の開発に携わる（1995）
　　　　近畿大学理工学部機械工学科助教授（2001）
　　　　工学院大学工学部機械システム工学科准教授（2008）
　　　　工学院大学工学部機械システム工学科教授（2010）
著　書　『基礎自動車工学』東京電機大学出版局，2008
　　　　『サスチューニングの理論と実際』東京電機大学出版局，2008
　　　　『徹底カラー図解　自動車のしくみ』マイナビ出版，2017

自動車の限界コーナリングと制御

2015年6月20日　第1版1刷発行　　　ISBN 978-4-501-41970-7 C3053
2019年2月20日　第1版2刷発行

著　者　野崎博路
　　　　©Nozaki Hiromichi 2015

発行所　学校法人　東京電機大学　〒120-8551　東京都足立区千住旭町5番
　　　　東京電機大学出版局　　　Tel. 03-5284-5386（営業）03-5284-5385（編集）
　　　　　　　　　　　　　　　　Fax. 03-5284-5387　振替口座 00160-5-71715
　　　　　　　　　　　　　　　　https://www.tdupress.jp/

JCOPY ＜(社)出版者著作権管理機構　委託出版物＞
本書の全部または一部を無断で複写複製（コピーおよび電子化を含む）することは，著作権法上での例外を除いて禁じられています．本書からの複製を希望される場合は，そのつど事前に，(社)出版者著作権管理機構の許諾を得てください．また，本書を代行業者等の第三者に依頼してスキャンやデジタル化をすることはたとえ個人や家庭内での利用であっても，いっさい認められておりません．
［連絡先］TEL 03-3513-6969，FAX 03-3513-6979，E-mail : info@jcopy.or.jp

制作：(株)チューリング　印刷：(株)加藤文明社印刷所　製本：渡辺製本(株)
装丁：鎌田正志
落丁・乱丁本はお取り替えいたします．　　　　　　　　　Printed in Japan